新起点电脑教程

计算机常用工具软件基础教程 (第2版)(微课版)

文杰书院　编著

U0198178

清华大学出版社

北　京

内 容 简 介

　　本书以通俗易懂的语言、翔实生动的操作案例、精挑细选的实用技巧，全面介绍了计算机常用工具软件的操作方法，主要内容包括计算机工具软件概述、文件管理与阅读、图像浏览与编辑处理、娱乐视听工具软件、语言翻译工具软件、网上浏览与通信、即时聊天软件、文件下载与传输工具、系统维护与测试工具、网络云办公、数字音视频工具软件、动画制作工具软件、电脑安全与防护应用、移动设备应用软件等方面的知识、技巧及应用案例。

　　本书结构清晰、图文并茂，以实战演练的方式介绍知识点，让读者一看就懂，一学就会，学有所成。本书面向学习电脑的初、中级用户，适合无基础又想快速掌握电脑应用与操作经验的读者，更加适合广大电脑爱好者及各行各业人员作为自学手册使用，特别适合作为初、中级电脑培训班的培训教材或者学习辅导书。

图书在版编目(CIP)数据

　　计算机常用工具软件基础教程：微课版/文杰书院编著. —2 版. —北京：清华大学出版社，2020.1
（2024.7重印）
　　(新起点电脑教程)
　　ISBN 978-7-302-54434-0

　　Ⅰ．①计… Ⅱ．①文… Ⅲ．①软件工具—教材 Ⅳ．①TP311.56

　　中国版本图书馆 CIP 数据核字(2019)第 265372 号

责任编辑：魏　莹
封面设计：杨玉兰
责任校对：周剑云
责任印制：杨　艳

出版发行：清华大学出版社
　　　　　网　　　址：https://www.tup.com.cn, https://www.wqxuetang.com
　　　　　地　　　址：北京清华大学学研大厦 A 座　　　邮　　　编：100084
　　　　　社 总 机：010-83470000　　　　　　　　　邮　　　购：010-62786544
　　　　　投稿与读者服务：010-62776969, c-service@tup.tsinghua.edu.cn
　　　　　质量反馈：010-62772015, zhiliang@tup.tsinghua.edu.cn
印 装 者：三河市人民印务有限公司
经　　　销：全国新华书店
开　　　本：185mm×260mm　　　印　　　张：24.5　　　字　　　数：596 千字
版　　　次：2012 年 1 月第 1 版　　2020 年 1 月第 2 版　　印　　　次：2024 年 7 月第 4 次印刷
定　　　价：59.80 元

产品编号：083391-01

致　读　者

"全新的阅读与学习模式 + 微视频课堂 + 全程学习与工作指导" 三位一体的互动教学模式，是我们为您量身定做的一套完美的学习方案，为您奉上的丰盛的学习盛宴！

创建一个微视频全景课堂学习模式，是我们一直以来的心愿，也是我们不懈追求的动力，愿我们奉献的图书和视频课程可以成为您步入神奇电脑世界的钥匙，并祝您在最短时间内能够学有所成、学以致用。

全新改版与升级行动

"新起点电脑教程"系列图书自 2011 年年初出版以来，其中有数十个图书分册多次加印，赢得来自国内各高校、培训机构以及各行各业读者的一致好评。

本次图书再度改版与升级，汲取了之前产品的成功经验，针对读者反馈信息中常见的需求，我们精心改版并升级了主要产品，以此弥补不足，希望通过我们的努力能不断满足读者的需求，不断提高我们的服务水平，进而达到与读者共同学习和共同提高的目的。

全新的阅读与学习模式

如果您是一位初学者，当您从书架上取下并翻开本书时，将获得一个从一名初学者快速晋级为电脑高手的学习机会，并将体验到前所未有的互动学习的感受。

我们秉承"打造最优秀的图书、制作最优秀的电脑学习课程、提供最完善的学习与工作指导"的原则，在本系列图书编写过程中，聘请电脑操作与教学经验丰富的老师和来自工作一线的技术骨干倾力合作编著，为您系统化地学习和掌握相关知识与技术奠定扎实的基础。

轻松快乐的学习模式

在图书的内容与知识点设计方面，我们更加注重学习习惯和实际学习感受，设计了更加贴近读者学习习惯的教学模式，采用"基础知识讲解+实际工作应用+上机指导练习+课后小结与练习"的教学模式，帮助读者从初步了解与掌握到实际应用，循序渐进地成为电脑应用的高手与行业精英。"为您构建和谐、愉快、宽松、快乐的学习环境，是我们的目标！"

赏心悦目的视觉享受

为了更加便于读者学习和阅读本书，我们聘请专业的图书排版与设计师，根据读者的阅读习惯，精心设计了赏心悦目的版式。全书图案精美、布局美观，读者可以轻松完成整个学习过程。"使阅读和学习成为一种乐趣，是我们的追求！"

更加人文化、职业化的知识结构

作为一套专门为初、中级读者策划编著的系列丛书，在图书内容安排方面，我们尽量摒弃枯燥无味的基础理论，精选了更适合实际生活与工作的知识点，帮助读者快速学习、快速提高，从而达到学以致用的目的。

- 内容起点低，操作上手快，讲解言简意赅，读者不需要复杂的思考，即可快速掌握所学的知识与内容。
- 图书内容结构清晰，知识点分布由浅入深，符合读者循序渐进与逐步提高的学习习惯，从而使学习达到事半功倍的效果。
- 对于需要实践操作的内容，全部采用分步骤、分要点的讲解方式，图文并茂，使读者不但可以动手操作，还可以在大量的实践案例练习中，不断提高操作技能和经验。

精心设计的教学体例

在全书知识点逐步深入的基础上，根据知识点及各个知识板块的衔接，我们科学地划分章节，在每个章节中，采用了更加合理的教学体例，帮助读者充分掌握所学的知识。

- 本章要点：在每章的章首页，我们以言简意赅的语言，清晰地表述了本章即将介绍的知识点，读者可以有目的地学习与掌握相关知识。
- 知识精讲：对于软件功能和实际操作应用比较复杂的知识，或者难以理解的内容，进行更为详尽的讲解，帮助您拓展、提高与掌握更多的技巧。
- 实践案例与上机指导：读者通过阅读和学习此部分内容，可以边动手操作，边阅读书中所介绍的实例，一步一步地快速掌握和巩固所学知识。
- 思考与练习：通过此栏目内容，不但可以温习所学知识，还可以通过练习，达到巩固基础、提高操作能力的目的。

微视频课堂

本套丛书配套的在线多媒体视频讲解课程，旨在帮助读者完成"从入门到提高，从实践操作到职业化应用"的一站式学习与辅导过程。

- 图书每个章节均制作了配套视频教学课程，读者在阅读过程中，只需拿出手机扫一扫标题处的二维码，即可打开对应的知识点视频学习课程。
- 视频课程不但可以在线观看，还可以下载到手机或者电脑中观看，灵活的学习方式，可以帮助读者充分利用碎片时间，达到最佳的学习效果。
- 关注微信公众号"文杰书院"，还可以免费学习更多的电脑软、硬件操作技巧，我们会定期免费提供更多视频课程，供读者学习、拓展知识。

图书产品与读者对象

"新起点电脑教程"系列丛书涵盖电脑应用的各个领域，为各类初、中级读者提供了全面的学习与交流平台，帮助读者轻松实现对电脑技能的了解、掌握和提高。本系列图书具体书目如下。

分 类	图 书	读者对象
电脑操作基础入门	电脑入门基础教程(Windows 10+Office 2016 版)(微课版)	适合刚刚接触电脑的初级读者，以及对电脑有一定的认识、需要进一步掌握电脑常用技能的电脑爱好者和工作人员，也可作为大中专院校、各类电脑培训班的教材
	五笔打字与排版基础教程(第 3 版)(微课版)	
	Office 2016 电脑办公基础教程(微课版)	
	Excel 2013 电子表格处理基础教程	
	计算机组装·维护与故障排除基础教程(第 3 版)(微课版)	
	计算机常用工具软件基础教程(第 2 版)(微课版)	
	电脑入门与应用(Windows 8+Office 2013 版)	
电脑基本操作与应用	电脑维护·优化·安全设置与病毒防范	适合电脑的初、中级读者，以及对电脑有一定基础、需要进一步学习电脑办公技能的电脑爱好者与工作人员，也可作为大中专院校、各类电脑培训班的教材
	电脑系统安装·维护·备份与还原	
	PowerPoint 2010 幻灯片设计与制作	
	Excel 2013 公式·函数·图表与数据分析	
	电脑办公与高效应用	
图形图像与辅助设计	Photoshop CC 中文版图像处理基础教程	适合对电脑基础操作比较熟练，在图形图像及设计类软件方面需要进一步提高的读者，以及图像编辑爱好者、准备从事图形设计类的工作人员，也可作为大中专院校、各类电脑培训班的教材
	After Effects CC 影视特效制作案例教程(微课版)	
	会声会影 X8 影片编辑与后期制作基础教程	
	Premiere CC 视频编辑基础教程(微课版)	
	Adobe Audition CC 音频编辑基础教程(微课版)	
	AutoCAD 2016 中文版基础教程	

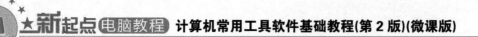
续表

分　类	图　书	读者对象
图形图像与辅助设计	CorelDRAW X6 中文版平面创意与设计	适合对电脑基础操作比较熟练，在图形图像及设计类软件方面需要进一步提高的读者，以及图像编辑爱好者、准备从事图形设计类的工作人员，也可作为大中专院校、各类电脑培训班的教材
	Flash CC 中文版动画制作基础教程	
	Dreamweaver CC 中文版网页设计与制作基础教程	
	Creo 2.0 中文版辅助设计入门与应用	
	Illustrator CS6 中文版平面设计与制作基础教程	
	UG NX 8.5 中文版基础教程	

■ 全程学习与工作指导

　　为了帮助您顺利学习、高效就业，如果您在学习与工作中遇到疑难问题，欢迎来信与我们及时交流与沟通，我们将全程免费答疑。希望我们的工作能够让您更加满意，希望我们的指导能够为您带来更大的收获，希望我们可以成为志同道合的朋友！

　　最后，感谢您对本系列图书的支持，我们将再接再厉，努力为您奉献更加优秀的图书。衷心地祝愿您能早日成为电脑高手！

编　者

前　言

随着信息化技术的不断进步和推广，计算机成为现代人工作和生活中不可或缺的工具。大多数读者已不再满足于使用电脑进行简单的文字处理和上网操作，而是希望通过计算机工具软件方便快捷地解决实际问题、提高工作效率。为了帮助读者快速提升电脑操作和应用能力，为了满足广大电脑初学者渴望全面学习电脑工具软件知识的要求，为了帮助电脑初学者快速地了解和应用电脑，以便在日常的学习和工作中学以致用，我们编写了《计算机常用工具软件基础教程(第 2 版)(微课版)》。

■ 购买本书能学到什么

本书详细描述了当前最流行的各类常用工具软件的基本背景、基本操作和应用技巧；读者还可以通过随书赠送的多媒体教学视频学习。全书结构清晰，内容丰富，主要内容包括以下 6 个方面的内容。

1. 工具软件基础知识

本书第 1 章介绍了工具软件的基础知识，包括工具软件简介、获取工具软件的方法、安装与卸载工具软件和工具软件的版本等几方面的内容。

2. 管理与学习工具

本书第 2～5 章，介绍了文件管理与阅读工具、图像浏览与编辑工具、娱乐视听工具软件、语言翻译工具软件的使用方法，在每章的知识讲解过程中，结合了大量的实例，可以帮助读者快速掌握使用管理与学习工具软件的知识。

3. 网络应用工具

本书第 6～8 章，介绍了利用网络使用工具软件的方法，包括网上浏览与通信、即时聊天软件、文件下载与传输工具软件的使用方法。

4. 系统测试维护与云办公

本书第 9～10 章，介绍了系统测试与维护及网络云办公方面的知识，包括 Windows 优化大师、鲁大师、硬件检测软件、坚果云、百度云管家以及 360 云盘等相关软件方面的知识与使用方法。

5. 数字音视频与系统安全防护工具

本书第 11～13 章，介绍了数字音视频与电脑安全方面的内容，包括数字音视频工具软件、动画制作工具软件以及一些电脑安全与防护工具软件的使用方法。

6. 移动设备应用软件

本书第 14 章，介绍了移动设备应用软件方面的内容，包括 360 手机助手和豌豆荚等手机工具软件的知识及使用方法。

如何获取本书的学习资源

为帮助读者高效、快捷地学习本书的知识点，我们不但为读者准备了与本书知识点有关的配套素材文件，而且设计并制作了精品视频教学课程，还为教师准备了 PPT 课件资源。购买本书的读者，可以通过以下途径获取相关的配套学习资源。

1. 扫描书中二维码获取在线学习视频

读者在学习本书的过程中，可以使用微信的扫一扫功能，扫描本书标题左下角的二维码，在打开的视频播放页面中可以在线观看视频课程。这些课程读者也可以下载并保存到手机或电脑中离线观看。

2. 登录网站获取更多学习资源

本书配套素材和 PPT 课件资源，读者可登录网址 http://www.tup.com.cn(清华大学出版社官方网站)下载相关学习资料，也可关注"文杰书院"微信公众号获取更多的学习资源。

本书由文杰书院组织编写，参与本书编写工作的有李军、袁帅、文雪、李强、高桂华、蔺丹、张艳玲、李统财、安国英、贾亚军、蔺影、李伟、冯臣、宋艳辉等。

我们真切希望读者在阅读本书之后，可以开阔视野，增长实践操作技能，并从中学习和总结操作的经验和规律，达到灵活运用的水平。鉴于编者水平有限，书中纰漏和考虑不周之处在所难免，热忱欢迎读者予以批评、指正，以便我们日后能为您编写更好的图书。

编　者

目 录

第 1 章

计算机工具软件概述

本章要点

- 工具软件简介
- 获取工具软件
- 安装与卸载工具软件
- 工具软件的版本

本章主要内容

本章主要介绍了工具软件简介和获取工具软件方面的知识与技巧，同时还讲解了如何安装与卸载工具软件，在本章的最后还针对实际的工作需求，讲解了工具软件的版本知识。通过本章的学习，读者可以掌握计算机工具软件基础方面的知识，为深入学习计算机常用工具软件知识奠定基础。

1.1 工具软件简介

工具软件与计算机用户有着密不可分的关系，在日常应用、维护系统、办公等都随处可见工具软件。本章将主要介绍工具软件的一些基础知识。

↑ 扫码看视频

1.1.1 什么是工具软件

工具软件是指除操作系统、大型商业应用软件之外的一些应用软件，是能够对计算机的硬件和操作系统进行安全维护、优化设置、修复备份、翻译、上网和杀毒等操作的应用程序。大多数工具软件是共享软件、免费软件、自由软件或者软件厂商开发的小型的商业软件，一般体积较小，功能相对单一，但却是解决一些特定问题的有利工具。几乎所有的工具软件都可以在网络上直接下载使用。

1.1.2 工具软件的分类

按照工具软件的功能，可以将其分为网页浏览工具、网络下载软件、压缩和解压缩软件、图文浏览软件、多媒体播放工具、网络通信软件、数据备份与还原工具、系统优化与防护工具等8大类。

1. 网页浏览工具

目前，常用的网页浏览器除了 Windows 自带的 IE 浏览器外，还有很多种不同功能的浏览器，如火狐浏览器、360 浏览器等，用户可以根据自己的需要安装适合的浏览器。

2. 网络下载软件

因特网中提供丰富多样的资源，如果用户准备进行下载，建议安装相关的网络下载软件，如迅雷、QQ 旋风和 P2PSearcher 等。

3. 压缩和解压缩软件

当电脑中存储的文件较大时，用户可以使用 WinRAR 或 WinZip 压缩软件将其压缩，从而释放电脑硬盘空间。

4. 图文浏览软件

使用图文浏览软件，可以浏览电脑中的图片和文本。常见的图片管理软件有 ACDSee,

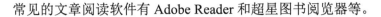

常见的文章阅读软件有 Adobe Reader 和超星图书阅览器等。

5. 多媒体播放工具

如果准备播放电脑中的音乐和电影，建议在电脑中安装多媒体播放软件，如 Windows Media Player、QQ 影音、网易云音乐和暴风影音等。

6. 网络通信软件

目前在因特网中，网民最长使用的即时通信软件是 QQ 和微信，用户也可以使用电子邮件进行网络通信，如使用 Foxmail 收发电子邮件。

7. 数据备份与还原工具

为了确保数据和文件的安全性，用户可以使用一键 GHOST、驱动精灵和 FinalData 等软件进行数据备份与还原。

8. 系统优化与防护工具

用户可以使用 Windows 优化大师和 CCleaner 等软件对操作系统进行优化。当电脑面临病毒的侵袭时，还可以使用 360 安全卫士和金山毒霸等软件保护电脑的安全。

1.2　获取工具软件

目前，在互联网上有很多不错的软件下载站点，供用户下载工具软件。获取工具软件的途径有三种：通过购买光盘安装、从官方网站下载和从常见的下载站点下载。通过以上三种渠道都可以获得工具软件，本节将详细介绍获取工具软件的相关方法。

↑ 扫码看视频

1.2.1　购买安装光盘

软件公司一般在开发某种软件载体时，会将软件载体置入光盘中进行发售，用户通过购买安装光盘，可以运用光驱等设备将光盘中的软件载体安装到电脑中。购买正版安装光盘的用户，一般都可以获取良好的售后服务与软件升级服务。购买安装光盘通常可以通过网络经销商渠道和当地零售商渠道，下面分别予以详细介绍。

1. 网络经销商

从网络经销商渠道，可以通过邮购的方式获得安装光盘，只需要支付相应的费用，即可将安装光盘邮寄到指定地点，比较常见的网络经销商有淘宝网、当当网等。

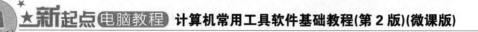

2. 当地零售商

通过当地零售商购买安装光盘，是比较常见的购买方式。采用这种方式购买安装光盘，在售后服务等方面具有很大的优势。

1.2.2　从软件官方网站下载

从官方网站下载的软件通常都是最具权威性的最新版本，有时候也提供带有新功能的外部测试版本，下面以下载"网易云音乐"为例，来详细介绍从官方网站下载软件的操作方法。

第1步 启动 IE 浏览器，在地址栏上输入网站地址"https://music.163.com"并按键盘上的【Enter】键，进入【网易云音乐】页面，单击页面右上角处的【下载客户端】，如图 1-1 所示。

第2步 进入到下一个页面，单击【PC 版】按钮，如图 1-2 所示。

图 1-1

图 1-2

第3步 弹出【文件下载-安全警告】对话框，单击【保存】按钮 保存(S) ，如图 1-3 所示。

第4步 弹出【另存为】对话框，**1.** 选择准备下载保存的位置，**2.** 单击【保存】按钮 保存(S) ，如图 1-4 所示。

第5步 进入到下载界面，可以看到正在下载，用户需要在线等待一段时间，如图 1-5 所示。

第6步 下载完毕后，单击【打开文件夹】按钮 打开文件夹(F) ，如图 1-6 所示。

第7步 打开下载所在的路径，可以看到已经下载完成的软件安装包，这样即可完成从软件官方网站下载的操作方法，如图 1-7 所示。

图 1-3　　　　　　　　　　　　　　　　　　图 1-4

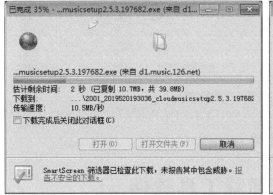

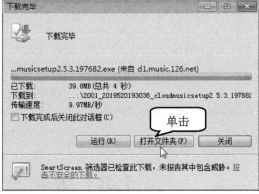

图 1-5　　　　　　　　　　　　　　　　　　图 1-6

图 1-7

1.2.3　从软件下载站点下载

随着网络技术的不断发展，用户不仅可以在官方网站下载软件，同时也可以登录到专业的工具软件网站进行软件下载操作。国内专业的工具软件网站主要有华军软件园、天空软件站、太平洋下载中心等，它们都能提供便捷的软件下载服务。同时根据软件的性质和用途，网站还将功能相似的软件进行分类，方便用户根据需要进行选择性下载。华军软件园界面如图1-8所示。

图 1-8

1.3　安装与卸载工具软件

　　完成工具软件的安装包下载后，用户即可通过运行安装程序将其安装到电脑中。如果用户下载的软件是英文版本，那么还可以用汉化包将其汉化为中文版。如果用户准备不再使用该软件，即可将其卸载。本节将具体介绍相关操作方法。

↑ 扫码看视频

1.3.1　安装工具软件

　　获得软件的安装包后，运行安装程序即可安装工具软件，下面以安装"网易云音乐"为例，来详细介绍安装工具软件的操作方法。

第 1 步 找到下载获取的工具软件安装包，双击安装包程序图标，如图1-9所示。

第 2 步 进入到【网易云音乐】安装界面，单击右下角的【自定义安装】，如图1-10所示。

图 1-9　　　　　　　　　　　　　　　　　　　　图 1-10

第3步 展开详细列表，**1.** 取消选择不需要的复选框，**2.** 单击【浏览】按钮 ，如图 1-11 所示。

第4步 弹出【浏览文件夹】对话框，**1.** 选择准备安装的位置，**2.** 单击【确定】按钮 ，如图 1-12 所示。

图 1-11　　　　　　　　　　　　　　　　　　　图 1-12

第5步 返回到【网易云音乐】安装界面，可以看到已经设置好的安装位置，单击【立即安装】按钮 ，如图 1-13 所示。

第6步 进入到【正在安装】界面，用户需要在线等待一段时间，如图 1-14 所示。

第7步 进入到【安装完成】界面，单击【立即体验】按钮 ，如图 1-15 所示。

第8步 进入到【网易云音乐】程序主界面，这样即可完成安装工具软件的操作，如图 1-16 所示。

图 1-13

图 1-14

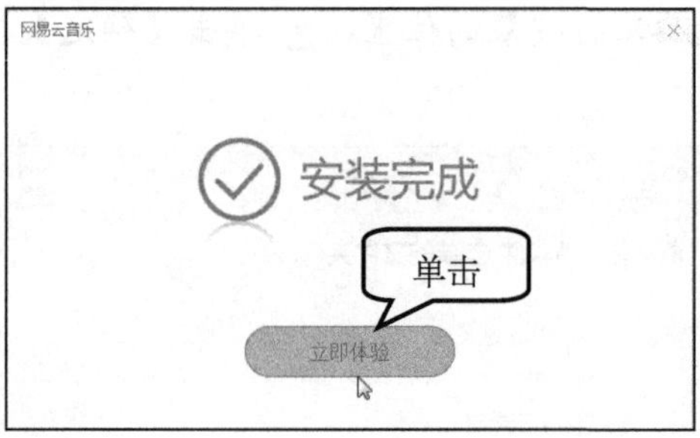

图 1-15

图 1-16

1.3.2 通过"开始"菜单卸载

如果不再使用工具软件,那么即可卸载该工具软件。用户可以通过"开始"菜单卸载工具软件,下面以卸载"迅雷"为例,介绍卸载工具软件的操作方法。

第1步 在系统桌面上,**1.** 单击左下角的【开始】按钮 ,**2.** 选择【所有程序】菜单项,如图 1-17 所示。

第2步 弹出下一级菜单,**1.** 单击【迅雷软件】文件夹,**2.** 单击【迅雷 7】文件夹,**3.** 单击【卸载迅雷 7】菜单项,如图 1-18 所示。

第3步 弹出【迅雷 7】窗口,**1.** 选择【卸载迅雷 7】单选项,**2.** 单击【下一步】按钮 下一步(N) > ,如图 1-19 所示。

第4步 弹出【迅雷 7】提示对话框,单击【是】按钮 是(Y) ,如图 1-20 所示。

第5步 进入【正在解除安装】界面,在删除过程中会弹出【迅雷 7】提示对话框,提示是否保留历史文件,单击【否】按钮 否(N) ,如图 1-21 所示。

第6步 进入【完成】界面,显示卸载进度已完成。单击【关闭】按钮 关闭(L) ,这样即通过"开始"菜单完成卸载工具软件,如图 1-22 所示。

图 1-17

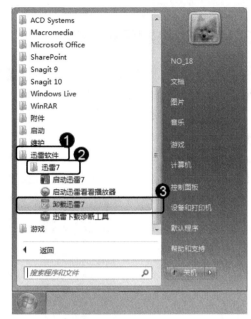

图 1-18

图 1-19

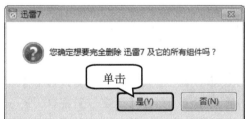

图 1-20

图 1-21

图 1-22

1.3.3 通过控制面板卸载

如果软件没有提供自卸载程序,可以通过控制面板卸载软件。下面以卸载迅雷为例,介绍通过控制面板卸载程序的操作方法。

第1步 在系统桌面上,**1.** 单击左下角的【开始】按钮，**2.** 选择【控制面板】菜单项,如图1-23所示。

第2步 弹出【控制面板】窗口,在【调整计算机的设置】区域,单击【程序】图标下的【卸载程序】超链接项,如图1-24所示。

图 1-23

图 1-24

第3步 进入【卸载或更改程序】界面,双击【迅雷7】程序图标,如图1-25所示。

第4步 弹出【迅雷7】窗口,**1.** 选择【卸载迅雷7】单选项,**2.** 单击【下一步】按钮 下一步(N)> ,如图1-26所示。

图 1-25

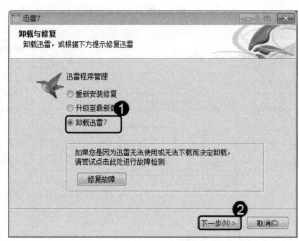

图 1-26

第 5 步　弹出【迅雷 7】提示对话框，单击【是】按钮 是(Y)，如图 1-27 所示。

第 6 步　进入【正在解除安装】界面，提示卸载状态及进度，如图 1-28 所示。

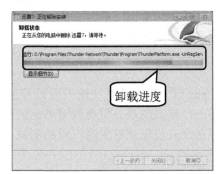

图 1-27　　　　　　　　　　　　　　　　　　图 1-28

第 7 步　弹出【迅雷 7】提示对话框，单击【否】按钮 否(N)，如图 1-29 所示。

第 8 步　进入【完成】界面，显示卸载进度已完成，单击【关闭】按钮 关闭(L)，这样即通过控制面板完成卸载工具软件，如图 1-30 所示。

图 1-29　　　　　　　　　　　　　　　　　　图 1-30

1.4　工具软件的版本

　　一般工具软件名称后面经常有一些英文和数字，如 QQ2019Beta，这些都是软件的版本标志，通过版本标志可以对软件的类型有所了解。工具软件的版本通常可以分为测试版、演示版、正式版和其他版本。本节将详细介绍工具软件版本的相关知识。

↑　扫码看视频

1.4.1　测试版

工具软件的测试版通常分为 Alpha 版(内部测试版)和 Beta 版(外部测试版)这两种，下面分别详细介绍这两种版本。

1. Alpha 版

Alpha 版本通常会送交给开发软件的组织或社群中的各个软件测试者，用作内部测试。在市场上，越来越多公司会邀请外部的客户或合作伙伴参与其软件的 Alpha 阶段测试，这令软件在此阶段得到更大的可用性测试。

2. Beta 版

Beta 版本是第一个对外公开的软件版本，是由公众参与的测试阶段。一般来说，Beta 版本包含所有功能，但也可能有一些已知问题和较轻微的 Bug。

Beta 版本的测试者通常是开发软件的组织的客户，他们会免费或以优惠价格得到软件，但会成为组织的免费测试者。

1.4.2　演示版

演示版又称 Demo 版。演示版主要是演示正式软件的部分功能，用户可以从中得知软件的基本操作方法，为正式产品的发售扩大影响。如果是游戏软件的话，则只有一两个关卡可以试玩。该版本一般可以通过免费下载获取，在非正式版软件中，该版本的知名度最大。

1.4.3　正式版

正式版通常包括 Full Version 版(完全版)、Enhanced 版(增强版或加强版)和 Free 版(自由版)这 3 种，下面分别予以详细介绍。

1. Full Version 版

Full Version 版也是正式版，是最终正式发售的版本。

2. Enhanced 版

如果是一般软件，一般称作"增强版"，会加入一些实用的新功能。如果是游戏，一般称作"加强版"，会加入一些新的游戏场景和游戏情节等。这是正式发售的版本。

3. Free 版

这一般是个人或自由软件联盟组织的成员制作的软件，希望免费给大家使用，没有版权，一般也是通过免费下载获取。

1.4.4　其他版本

工具软件的其他版本有 Shareware 版(共享版)和 Release 版(发行版)，这两个版本都与正

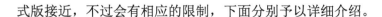

式版接近，不过会有相应的限制，下面分别予以详细介绍。

1. Shareware 版

有些公司为了吸引客户，对于他们制作的某些软件，可以让用户通过免费下载的方式获取。不过，此版本软件多会带有一些使用时间或次数的限制，但可以利用在线注册或电子注册成为正式版用户。

2. Release 版

Release 版不是正式版，带有时间限制，也是为扩大影响所做的宣传策略之一。比如 Windows Me 的发行版就限制了只能使用几个月，可通过免费下载或由公司免费奉送获取。 Release Candidate(简称 RC)指可能成为最终产品的版本，如果没有再出现问题则可释出正式版本。通常此阶段的产品是接近完整的。

1.5　实践案例与上机指导

通过本章的学习，读者基本可以掌握计算机工具软件的基本知识以及一些常见的操作方法，下面通过练习一些案例操作，以达到巩固学习、拓展提高的目的。

↑扫码看视频

1.5.1　在官方网站下载 360 安全卫士

一般情况下，在官方网站上，用户可以下载到最新最全的工具软件，在这里下载的工具软件也比较安全。下面具体介绍在官方网站下载 360 安全卫士的操作方法。

 素材保存路径：配套素材\第 1 章
素材文件名称：inst.exe

第 1 步　启动 IE 浏览器，**1.** 在地址栏上输入 360 官方网站网址 "http://www.360.cn"， 并按键盘上的【Enter】键，**2.** 打开 360 官网，选择【360 安全卫士】选项卡，**3.** 单击【立即下载】按钮 ，如图 1-31 所示。

第 2 步　弹出【文件下载 - 安全警告】对话框，单击【保存】按钮 ，如图 1-32 所示。

第 3 步　弹出【另存为】对话框，**1.** 选择准备保存下载的位置，如 "文档"，**2.** 在 【文件名】文本框中输入准备使用的文件名，**3.** 单击【保存】按钮 ，如图 1-33 所示。

第 4 步　进入【文件下载】界面，提示下载进度，用户需要在线等待一段时间，如

图 1-34 所示。

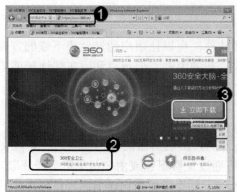

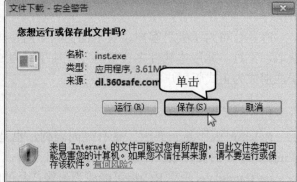

图 1-31

图 1-32

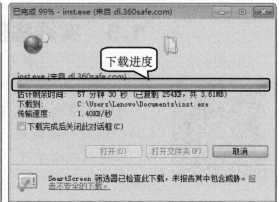

图 1-33

图 1-34

第5步 进入【下载完毕】界面，单击【打开文件夹】按钮 打开文件夹(F)，如图 1-35 所示。

第6步 360 安全卫士工具软件已被下载到指定位置。这样即完成在官方网站下载 360 安全卫士，如图 1-36 所示。

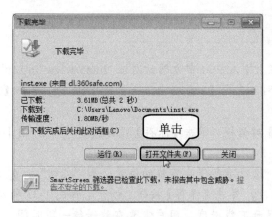

图 1-35

图 1-36

1.5.2　安装 WinRAR

WinRAR 是一款功能强大的压缩包管理器，是档案工具 RAR 在 Windows 环境下的图形界面。该软件可用于备份数据，缩减电子邮件附件的大小，解压缩从 Internet 上下载的 RAR、ZIP 及其他文件，并且可以新建 RAR 及 ZIP 格式的文件。下面具体介绍安装 WinRAR 软件的操作方法。

第 1 步　找到下载获取的 WinRAR 安装包，双击安装包程序图标，如图 1-37 所示。

第 2 步　弹出【WinRAR 4.00 简体中文版】窗口，显示安装包内详细的文件内容，单击【安装】按钮 安装 ，如图 1-38 所示。

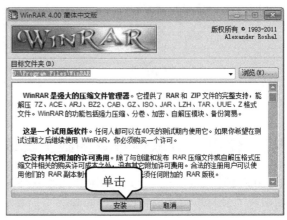

图 1-37 　　　　　　　　　　　　　　　　　图 1-38

第 3 步　进入【正在解压】界面，在下方显示解压进度，如图 1-39 所示。

第 4 步　进入【WinRAR 简体中文版安装】界面，*1.* 在【WinRAR 关联文件】区域中选择准备关联的文件复选框，*2.* 在【界面】区域中选择准备应用的复选框，*3.* 在【外壳整合设置】区域中选择准备整合的复选框，*4.* 单击【确定】按钮 确定 ，如图 1-40 所示。

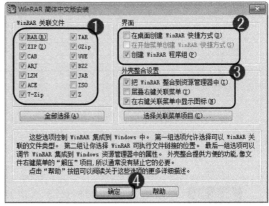

图 1-39 　　　　　　　　　　　　　　　　　图 1-40

第 5 步　进入【完成安装】界面，显示 WinRAR 已成功安装到文件夹信息。单击【完成】按钮 完成 ，如图 1-41 所示。

第 6 步 自动打开 WinRAR 安装目录文件夹，显示 WinRAR 安装的文件，这样即完成安装 WinRAR，如图 1-42 所示。

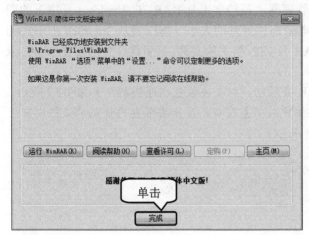

图 1-41

图 1-42

1.5.3 使用 360 软件管家卸载工具软件

360 软件管家是一款可以帮助用户卸载软件的工具，如果电脑中繁杂的软件过多，就可以利用此工具将不需要的软件进行卸载。下面详细介绍使用 360 软件管家卸载工具软件的操作方法。

第 1 步 启动 360 安全卫士，单击上方的【软件管家】按钮 ，如图 1-43 所示。

第 2 步 进入到 360 软件管家界面，**1.** 单击【卸载】按钮，**2.** 选择准备卸载的软件并单击右侧的【一键卸载】按钮 一键卸载 ，如图 1-44 所示。

图 1-43 图 1-44

第 3 步 可以看到正在卸载软件，用户需要在线等待一段时间，如图 1-45 所示。

第 4 步 可以看到已经将选择的软件卸载完毕，并显示节约磁盘空间大小。这样即可完成使用 360 软件管家卸载工具软件的操作，如图 1-46 所示。

图 1-45　　　　　　　　　　　　　　　图 1-46

1.6　思考与练习

1. 填空题

(1) _____是指除操作系统、大型商业应用软件之外的一些应用软件，是能够对计算机的硬件和操作系统进行安全维护、优化设置、修复备份、翻译、上网和杀毒等操作的应用程序。

(2) 按照工具软件的_____，可以将其分为网页浏览工具、网络下载软件、压缩和解压缩软件、图文浏览软件、多媒体播放工具、网络通信软件、数据备份与还原工具、系统优化与防护工具等 8 大类。

(3) 软件公司一般在开发某种软件载体时，会将软件载体置入光盘中进行发售，用户通过购买安装光盘，可以运用_____等设备将光盘中的软件载体，安装到电脑中。

(4) 如果软件没有提供自卸载程序，可以通过_____卸载软件。

(5) 工具软件的测试版通常分为_____和 Beta 版(外部测试版)这两种。

2. 判断题

(1) 大多数工具软件是共享软件、免费软件、自由软件或者软件厂商开发的小型的商业软件，一般体积较小，功能相对单一，但却是解决一些特定问题的有利工具。　　　(　　)

(2) 从官方网站下载的软件通常都是最具权威性的最新版本，但不能提供带有新功能的外部测试版本。　　　(　　)

(3) 随着网络技术的不断发展，用户不仅可以在官方网站下载软件，同时也可以登录到专业的工具软件网站进行软件下载操作。　　　(　　)

(4) 演示版又称 Demo 版。演示版主要是演示正式软件的部分功能，用户可以从中得知软件的基本操作方法，为正式产品的发售扩大影响。如果是游戏软件的话，则所有关卡可以试玩。　　　(　　)

(5) 正式版通常包括 Full Version 版(完全版)、Enhanced 版(增强版或加强版)和 Free 版(自由版)这 3 种。　　　(　　)

3. 思考题

(1) 如何通过"开始"菜单卸载软件?

(2) 如何通过控制面板卸载软件?

新起点电脑教程

第 2 章

文件管理与阅读

本章主要内容

　　本章主要介绍压缩与解压缩、加密和解密、文件恢复方面的知识与技巧，同时还讲解了 PDF 文档阅读的相关知识及使用方法，在本章的最后还针对实际的工作需求，讲解了制作阅读电子书的方法。通过本章的学习，读者可以掌握文件管理与阅读方面的知识，为深入学习计算机常用工具软件知识奠定基础。

2.1 压缩与解压——WinRAR

WinRAR 软件是一款功能强大的压缩包管理器，支持多种格式、类型的文件，用于备份数据、缩减电子邮件附件的大小、解压缩从互联网中下载的压缩文件和新建压缩文件等。本节将介绍 WinRAR 压缩软件的使用方法。

↑ 扫码看视频

2.1.1 快速压缩文件

使用 WinRAR 压缩软件，可以将电脑中保存的文件压缩，缩小文件的体积，便于存放和传输。下面以通过右键菜单压缩文件为例，详细介绍快速压缩文件的操作方法。

第1步 在电脑中找到准备压缩的文件夹所在的位置，**1.** 使用鼠标右键单击文件夹图标，**2.** 在弹出的快捷菜单中选择【添加到压缩文件】菜单项，如图 2-1 所示。

第2步 弹出【压缩文件名和参数】对话框，确认压缩文件的相关参数后，单击【确定】按钮 确定 ，如图 2-2 所示。

图 2-1

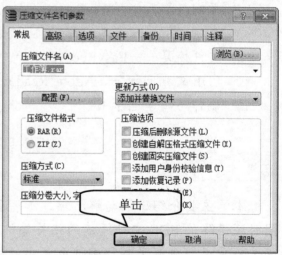

图 2-2

第3步 弹出【正在创建压缩文件 工作簿.rar】对话框显示进度，如图 2-3 所示。

第4步 通过右键单击压缩文件的操作完成，此时打开文件夹中即可以看到压缩好的文件，如图 2-4 所示。

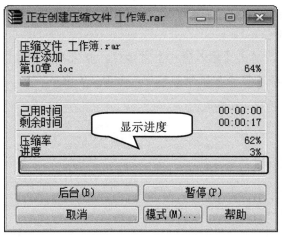

图 2-3

图 2-4

 智慧锦囊

简单地说，就是经过压缩软件压缩的文件叫压缩文件，压缩的原理是把文件的二进制代码压缩，把相邻的 0 和 1 代码减少。比如有 000000，可以把它变成 6 个 0 的写法 60，来减少该文件的空间。

2.1.2 为压缩文件添加密码

在压缩文件的时候，如果不希望别人看到压缩文件里面的内容，可以使用 WinRAR 的加密功能为压缩文件添加密码。下面详细介绍为压缩文件添加密码的操作方法。

第 1 步 在弹出【压缩文件名和参数】对话框后，**1.** 选择【高级】选项卡，**2.** 单击【设置密码】按钮 设置密码(P)... ，如图 2-5 所示。

第 2 步 弹出【输入密码】对话框，**1.** 在文本框中，依次输入需要设置的密码，**2.** 单击【确定】按钮 确定 ，如图 2-6 所示。

图 2-5

图 2-6

第3步 双击打开刚刚压缩的文件，在文件列表后方带有"*"号标志，说明文件已经被添加密码，如图2-7所示。

第4步 双击带有"*"号标志的文件，弹出【输入密码】对话框，在文本框中输入密码才能查看相应的文件，这样即完成为压缩文件添加密码的操作，如图2-8所示。

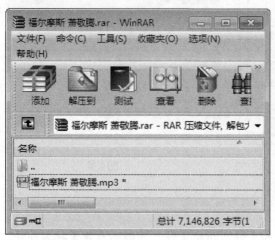

图 2-7

图 2-8

2.1.3　删除压缩包中的文件

对于一些压缩包中的文件，有时用户并不需要，可以将其进行删除。下面介绍删除压缩包中的文件的操作方法。

第1步 在电脑中找到准备删除压缩包的文件夹所在位置，双击压缩包，例如打开"工作"文件，如图2-9所示。

第2步 弹出【工作.rar】对话框，双击【工作】文件夹，如图2-10所示。

图 2-9

图 2-10

第3步 在打开的压缩包文件夹中，*1.* 选择准备删除的文件，例如选择"工作簿1"

文件，**2.** 单击功能区的【删除】按钮，如图 2-11 所示。

第4步　弹出【删除】对话框，单击【是】按钮 ，如图 2-12 所示。

图 2-11　　　　　　　　　　　　　　　　图 2-12

第5步　可以看到"工作簿 1"的文件已被删除了，这样即完成删除压缩包中的文件的操作，如图 2-13 所示。

图 2-13

知识精讲

　　WinRAR 采用独创的压缩算法。这使得该软件比其他同类 PC 压缩工具拥有更高的压缩率，尤其是可执行文件、对象链接库、大型文本文件等。

2.1.4　解压压缩包到指定目录

　　使用 WinRAR 工具软件可以把文件解压到指定目录中，从而方便查看和使用，下面具体介绍解压到指定目录的操作方法。

第1步　打开准备解压缩的文件所在的文件夹，**1.** 使用鼠标右键单击压缩文件图标，**2.** 在弹出的快捷菜单中选择【解压文件】菜单项，如图 2-14 所示。

第2步　弹出【解压路径和选项】对话框，**1.** 单击【常规】选项卡，**2.** 在解压路径

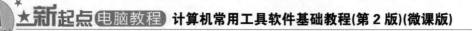

列表框中选择文件解压后准备存放的位置，**3.** 单击【确定】按钮 确定，如图 2-15 所示。

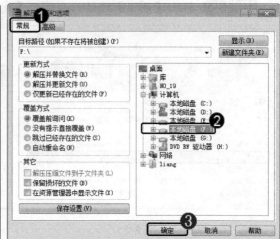

图 2-14　　　　　　　　　　　　　　　　图 2-15

第 3 步　弹出【正在从 工作.rar 中解压】对话框，并显示解压缩文件的进度，如图 2-16 所示。

第 4 步　可以看到已经将选择的压缩文件解压到指定的目录中，这样即完成解压压缩包到指定目录的操作，如图 2-17 所示。

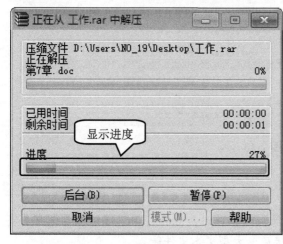

图 2-16　　　　　　　　　　　　　　　　图 2-17

2.1.5　分卷压缩文件

很多论坛对上传的附件大小都有限制，如果用户想上传一个大小 2MB 的文件到论坛，而论坛限制每个文件大小为 500KB，用 WinRAR 就可以实现分卷压缩。下面详细介绍分卷压缩文件的操作方法。

第 1 步　在电脑中找到准备压缩的文件夹所在的位置，**1.** 使用鼠标右键单击文件夹图标，**2.** 在弹出的快捷菜单中选择【添加到压缩文件】菜单项，如图 2-18 所示。

第 2 步　弹出【压缩文件名和参数】对话框，**1.** 在【压缩分卷大小，字节(v)】文本框中，输入分包大小，例如输入"500k"，**2.** 单击【确定】按钮 ⬚确定⬚，如图 2-19 所示。

 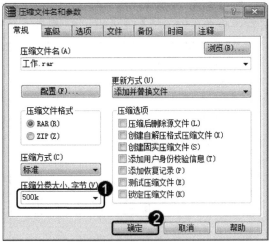

图 2-18　　　　　　　　　　　　　　　图 2-19

第 3 步　在打开的文件夹中即可以看到分卷压缩好的文件，这样即完成分卷压缩文件的操作，如图 2-20 所示。

图 2-20

知识精讲

　　如果下载下来的文件名是由 XXXXX.part1.rar、XXXXX.part2.rar、XXXXX.part3.rar 等命名，说明这些文件是使用分卷压缩大小的，需要把这些文件都一同下载，然后放在同一个目录，不要改名，再单击 XXXXX.part1.rar 的文件名进行解压即可。

2.1.6　制作自解压文件

　　自解压文件是压缩文件的一种，它结合了可执行文件模块，使用非常方便。如果用户想要将压缩文件传给某人，但不知道他们是否有该压缩程序以解压文件时，可以使用自解压文件进行操作。下面介绍创建自解压文件的相关操作方法。

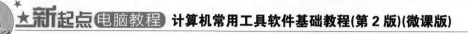

第1步 在电脑中找到准备压缩的文件夹所在的位置，**1.** 使用鼠标右键单击文件夹图标，**2.** 在弹出的快捷菜单中选择【添加到压缩文件】菜单项，如图2-21所示。

第2步 弹出【压缩文件名和参数】对话框，**1.** 在【压缩选项】区域中，勾选【创建自解压格式压缩文件】复选框，**2.** 单击【确定】按钮 确定 ，如图2-22所示。

图 2-21

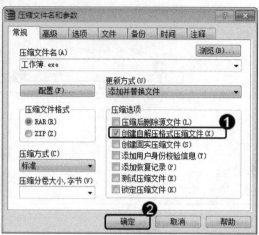

图 2-22

第3步 弹出【正在创建压缩文件 工作簿.exe】对话框，显示进度，如图2-23所示。

第4步 在打开的文件夹中即可以看到压缩好的文件，这样即可完成创建自解压文件的操作，如图2-24所示。

图 2-23

图 2-24

 智慧锦囊

　　自解压文件不需要外部程序来解压内容，它自己便可以运行该项操作。然而WinRAR仍然可将自解压文件当成是任何其他的压缩文件处理，所以如果用户不愿意运行所收到的自解压文件(比如说，它可能含有病毒时)，可以使用WinRAR来查看或是解压它的内容。

2.2　加密和解密——加密超级大师

文件夹加密超级大师是专业的文件加密软件，具有超快和最强的文件加密、文件夹加密功能，采用先进的加密算法，使文件加密和文件夹加密后，真正达到超高的加密强度，让加密文件和加密文件夹无懈可击，没有密码无法解密并且能够防止被删除。本节将详细介绍文件夹加密超级大师的使用方法。

↑　扫码看视频

2.2.1　加密文件或文件夹

电脑上存储着平常工作和生活中使用的大量文件数据，其中一部分敏感的文件数据，如私人信件、聊天记录、重要的资料是不想让别人看到或被拷贝的，用户可以使用文件夹加密超级大师加密软件。下面介绍加密文件或文件夹的相关操作。

1. 文件加密

文件加密是一种根据要求在操作系统层自动地对写入存储介质的数据进行加密的技术，下面介绍文件加密的操作方法。

第1步 在打开的【文件夹加密超级大师】程序窗口中，单击【文件加密】按钮，如图 2-25 所示。

第2步 弹出【请选择要加密的文件】对话框，*1.* 在【查找范围】列表框中，选择文件所在位置，*2.* 选择准备加密的文件，*3.* 单击【打开】按钮，如图 2-26 所示。

图 2-25　　　　　　　　　　　　　　　　图 2-26

第3步 弹出【加密文件】对话框，*1.* 在【加密密码】文本框中，输入准备使用的密码，*2.* 在【再次输入】文本框中，确认输入密码，*3.* 单击【加密】按钮，如图 2-27 所示。

第4步 返回到【文件夹加密超级大师】主界面中，可以看到已经将选择的文件进行加密处理，单击该文件即可弹出【打开或解密文件】对话框，这样即可完成加密文件的操作，如图 2-28 所示。

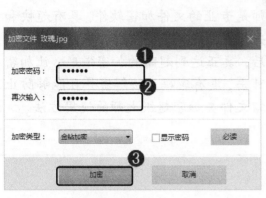

图 2-27

图 2-28

2. 文件夹加密

和文件加密的方法相同，用户也可以对文件夹进行加密，从而对文件夹进行保密。下面介绍文件夹加密的操作方法。

第1步 在打开的【文件夹加密超级大师】程序窗口中，单击【文件夹加密】按钮 文件夹加密，如图 2-29 所示。

第2步 弹出【浏览文件夹】对话框，*1.* 选择准备加密的文件夹，如选择"折纸如此多娇"文件夹，*2.* 单击【确定】按钮 确定，如图 2-30 所示。

图 2-29

图 2-30

第3步 弹出【加密文件夹】对话框，*1.* 在【加密密码】文本框中，输入准备应用的密码，*2.* 在【再次输入】文本框中，确认输入密码，*3.* 单击【加密】按钮 加密，如图 2-31 所示。

第4步 返回到【文件夹加密超级大师】主界面中，可以看到已经将选择的文件夹进行加密处理，单击该文件夹即可弹出【打开或解密文件夹】对话框，这样即可完成加密文件夹的操作，如图 2-31 所示。

图 2-31　　　　　　　　　　　　　　　　图 2-32

智慧锦囊

　　文件加密后，没有正确的密码无法解密。解密后，加密文件依然保持加密状态。

2.2.2　解密文件

　　如果用户需要打开已经加密的文件，可以通过解密文件来查看文件的相关信息。下面详细介绍使用文件夹加密超级大师解密文件的相关操作。

　　第 1 步　在打开的【文件夹加密超级大师】程序窗口中，单击需要解密的文件，如图 2-33 所示。

　　第 2 步　弹出【打开或解密文件】对话框，**1.** 在【密码】文本框中，输入密码，**2.** 单击【解密】按钮，如图 2-34 所示。

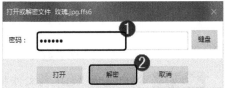

图 2-33　　　　　　　　　　　　　　　　图 2-34

第3步 弹出【解密文件】对话框，显示文件解密成功，如图 2-35 所示。

第4步 通过上述方法即可完成解密文件的操作，如图 2-36 所示。

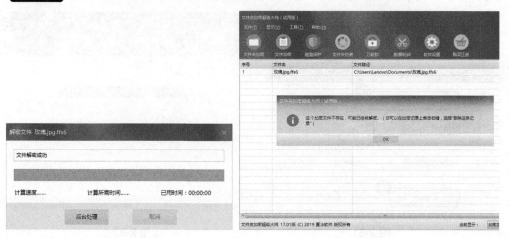

图 2-35　　　　　　　　　　　　　　　　图 2-36

2.2.3　数据粉碎

对于不需要或不再使用的文件，若希望永久删除，可以对其进行数据粉碎，粉碎过后的文件或文件夹将不可找回。下面介绍数据粉碎的操作方法。

第1步 在打开的【文件夹加密超级大师】程序窗口中，单击【数据粉碎】按钮，如图 2-37 所示。

第2步 弹出【浏览文件或文件夹】对话框，**1.** 选择准备粉碎的文件，如"墨迹喷溅.aep"文件，**2.** 单击【确定】按钮 确定 ，如图 2-38 所示。

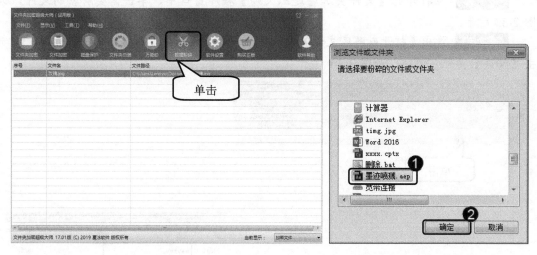

图 2-37　　　　　　　　　　　　　　　　图 2-38

第3步 弹出提示"选定的文件将被不可恢复地粉碎删除"，单击【是】按钮 是(Y) ，如图 2-39 所示。

图 2-39

第 4 步 弹出【粉碎删除文件】进度显示，如图 2-40 所示。

图 2-40

第 5 步 可以看到"墨迹喷溅.aep"文件被粉碎，通过上述方法即可完成粉碎数据的操作，如图 2-41 所示。

图 2-41

2.2.4　文件夹伪装

文件夹伪装可以把文件夹伪装成回收站、CAB 文件夹、打印机或其他类型的文件等，伪装后打开的是伪装的系统对象或文件而不是伪装前的文件夹。下面详细介绍文件夹伪装的操作方法。

第 1 步 在打开的【文件夹加密超级大师】程序窗口中，单击【文件夹伪装】按钮，如图 2-42 所示。

第2步 弹出【浏览文件夹】对话框，**1.** 选择准备伪装的文件夹，例如"海报"文件夹，**2.** 单击【确定】按钮 确定 ，如图2-43所示。

图2-42   图2-43

第3步 弹出【请选择文件夹的伪装类型】对话框，**1.** 选择准备伪装文件的类型，例如选择"回收站"选项，**2.** 单击【确定】按钮 确定 ，如图2-44示。

第4步 弹出"文件夹伪装成功"提示，单击OK按钮 OK ，如图2-45所示。

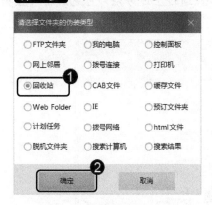

图2-44   图2-45

第5步 打开该伪装文件所在的路径，可以看到"海报"文件夹伪装成回收站图标，这样即可完成使用文件夹加密超级大师软件伪装文件夹的操作，如图2-46所示。

图2-46

2.3 文件恢复——EasyRecovery

EasyRecovery 是数据恢复公司 Ontrack 的产品，它是一个硬盘数据恢复工具，可以恢复丢失的数据以及重建文件系统，本节将详细介绍文件恢复工具 EasyRecovery 的相关知识及使用方法。

↑ 扫码看视频

2.3.1 恢复误删除的视频文件

用户如果不小心误删了电脑中的重要视频文件，可以使用 EasyRecovery 数据恢复专家软件对误删的视频文件进行恢复，下面介绍恢复误删除的视频文件的相关操作方法。

第 1 步 打开 EasyRecovery 程序窗口，*1.* 在【多媒体文件】栏目中选择【视频】复选框，*2.* 单击【下一个】按钮 下一个 ，如图 2-47 所示。

第 2 步 进入到【选择位置】界面，*1.* 选择准备恢复文件的位置，如选择"我的文档"，*2.* 单击【扫描】按钮 扫描 ，如图 2-48 所示。

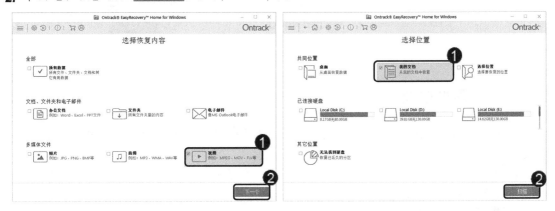

图 2-47 图 2-48

第 3 步 进入到【正在扫描】界面，用户需要在线等待一段时间，如需取消可以单击【停止】按钮 停止 ，如图 2-49 所示。

第 4 步 进入到【完成扫描】界面，提示成功完成扫描，并显示可恢复的文件数量和大小，单击【关闭】按钮 关闭 ，如图 2-50 所示。

第 5 步 进入到【预览】界面，*1.* 选择准备进行预览或恢复的视频文件，*2.* 单击【恢复】按钮 恢复 ，即可完成恢复视频文件的操作，如图 2-51 所示。

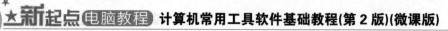

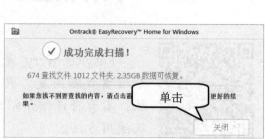

图 2-49　　　　　　　　　　　　　图 2-50

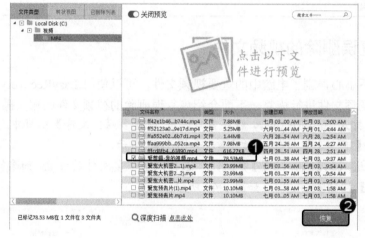

图 2-51

2.3.2　恢复办公文档

使用 EasyRecovery 数据恢复专家软件还可以恢复办公文档，例如 Word、Excel、PPT 等文件，下面详细介绍恢复办公文档的操作方法。

第1步　打开 EasyRecovery 程序窗口，**1.** 在【文档、文件夹和电子邮件】栏目中选择【办公文档】复选框，**2.** 单击【下一个】按钮 下一个 ，如图 2-52 所示。

第2步　进入到【选择位置】界面，**1.** 选择准备恢复文件的位置，如选择"我的文档"，**2.** 单击【扫描】按钮 扫描 ，如图 2-53 所示。

第3步　进入到【正在扫描】界面，用户需要在线等待一段时间，如需取消可以单击【停止】按钮 停止 ，如图 2-54 所示。

第4步　进入到【完成扫描】界面，提示成功完成扫描，并显示可恢复的文件数量和大小，单击【关闭】按钮 关闭 ，如图 2-55 所示。

第5步　进入到【预览】界面，**1.** 选择准备进行预览或恢复的文件，**2.** 单击【恢复】按钮 恢复 ，即可完成恢复办公文档文件的操作，如图 2-56 所示。

图 2-52　　　　　　　　　　　　　　　　图 2-53

图 2-54

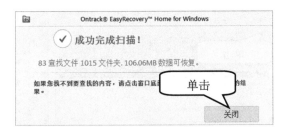

图 2-55

图 2-56

2.4　PDF 文档阅读——Adobe Reader

　　Adobe Reader 软件是电子文档共享的全球标准，它可以打开所有 PDF 文档以及与之交互的 PDF 文件查看程序。用户使用 Adobe Reader 可以查看、搜索、数字签名、验证、打印 Adobe PDF 文件并进行协作。本节将详细介绍 Adobe Reader 的相关知识及使用方法。

↑　扫码看视频

2.4.1 打开与阅读 PDF 文档

使用 Adobe Reader 软件的阅读模式查看文档，可以一目了然地查看文档的内容，下面详细介绍打开与阅读 PDF 文档的操作方法。

> 素材保存路径：配套素材\第 2 章
> 素材文件名称：教程.pdf

第 1 步 打开【Adobe Reader】软件，在【打开最近打开的文件】区域中，单击【打开】按钮 打开…，如图 2-57 所示。

第 2 步 弹出【打开】对话框，**1.** 选择要打开的 PDF 文档，**2.** 单击【打开】按钮 打开(O)，如图 2-58 所示。

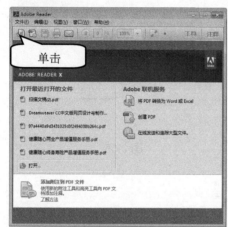

图 2-57 　　　　　　　　　　　　　　　图 2-58

第 3 步 在【Adobe Reader】窗口中，可以看到已经打开的 PDF 文档，这样即可完成打开 PDF 文档的操作，如图 2-59 所示。

第 4 步 在【Adobe Reader】窗口的菜单栏中选择【视图】→【阅读模式】菜单项，如图 2-60 所示。

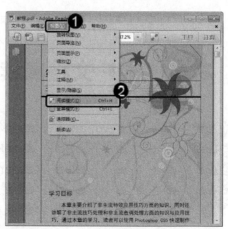

图 2-59 　　　　　　　　　　　　　　　图 2-60

第 5 步　返回到【Adobe Reader】软件主界面，可以看到正在以阅读模式浏览文档文件，这样即可完成阅读 PDF 文档的操作，如图 2-61 所示。

图 2-61

2.4.2　设置页面显示方式和比例

Adobe Reader 软件的页面显示方式包括单页视图、启用滚动、双页视图、双页滚动、显示页面之间的间隙和在双页视图中显示封面，有时候为了工作的要求，还需要设置文档页面的显示比例。下面以设置"双页视图"为例，详细介绍设置页面显示方式和比例的操作方法。

素材保存路径：配套素材\第 2 章
素材文件名称：教程.pdf

第 1 步　使用【Adobe Reader】软件，打开素材文件"教程.pdf"，在菜单栏中选择【视图】→【页面显示】→【双页视图】菜单项，如图 2-62 所示。

第 2 步　返回到【Adobe Reader】软件主界面，可以看到显示方式为双页视图，这样即可完成设置页面显示方式的操作，如图 2-63 所示。

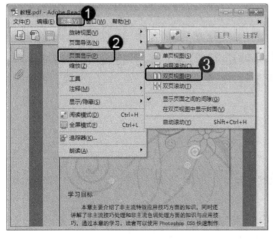

图 2-62

图 2-63

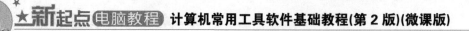

第3步 打开【Adobe Reader】软件，文档页面的显示比例为 50%，单击工具栏中的【页面比例】下拉按钮 ，在弹出的下拉菜单中选择【100%】菜单项，如图 2-64 所示。

第4步 返回到【Adobe Reader】软件主界面，可以看到已经将文档文件的显示比例调整为 100%，这样即完成了设置文档页面显示比例的操作，如图 2-65 所示。

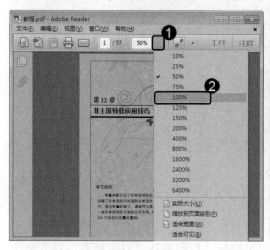

图 2-64

图 2-65

智慧锦囊

　　用户也可以通过键盘配合鼠标设置文档页面的显示比例，按住键盘上的 Ctrl 键，在页面中使用鼠标滚轮键的前进或者后退操作，可以调整文档页面显示比例大小。

2.5 制作与阅读电子书

　　为了满足各种阅读需求，用户可以使用软件自己制作电子书，并且可以应用阅读软件进行阅读。本节将详细介绍制作与阅读电子书的相关知识及操作方法。

↑ 扫码看视频

2.5.1 使用 Word 导出 PDF 电子书

　　PDF 文件比 Word 文件要小一些，并且阅读起来也会方便一些，一些行业规则会要求使用 PDF 发布，下面详细介绍使用 Word 导出 PDF 电子书的操作方法。

素材保存路径：配套素材\第 2 章

素材文件名称：创造特殊效果.doc、电子书.pdf

第 1 步 使用 Word 打开素材文件"创造特殊效果.doc"，单击【文件】选项卡，如图 2-66 所示。

第 2 步 进入到下一界面，*1.* 选择【导出】选项卡，*2.* 在【导出】区域选择【更改文件类型】选项，*3.* 在【其他文件类型】区域双击【另存为其他文件类型】选项，如图 2-67 所示。

图 2-66

图 2-67

第 3 步 弹出【另存为】对话框，*1.* 选择准备保存的位置，*2.* 在【文件名】文本框中输入准备保存的文件名，*3.* 在【保存类型】下拉列表框中选择【PDF(*.pdf)】选项，*4.* 单击【保存】按钮 保存(S) ，如图 2-68 所示。

第 4 步 系统会自动打开导出的 PDF 文件，这样即可完成使用 Word 导出 PDF 电子书的操作，如图 2-69 所示。

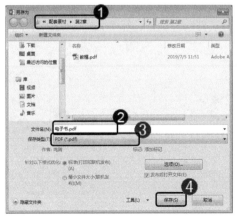

图 2-68

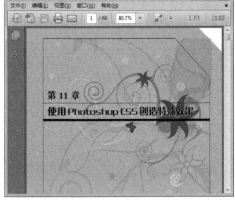

图 2-69

2.5.2　福昕阅读器

福昕阅读器是福昕公司推出的一款简体中文版 PDF 文件阅读软件。福昕阅读器可以帮助用户快速地打开 PDF 文件，还可以使用软件进行复制粘贴等功能，非常方便。下面详细介绍使用福昕阅读器的操作方法。

素材保存路径：配套素材\第 2 章
素材文件名称：电子书.pdf

第 1 步 启动【福昕阅读器】软件，单击【打开】按钮 📂 ，如图 2-70 所示。

第 2 步 弹出【打开】对话框，**1.** 选择准备打开的素材文件"电子书.pdf"，**2.** 单击【打开】按钮 打开(O) ，如图 2-71 所示。

图 2-70

图 2-71

第 3 步 可以看到已经打开选择的 PDF 文件，**1.** 选择【主页】选项卡，**2.** 在【工具】选项组中，单击【选择】按钮，**3.** 在弹出的下拉列表框中选择【选择文本】选项，如图 2-72 所示。

第 4 步 **1.** 拖动鼠标左键选中需要复制的文本，并单击鼠标右键，**2.** 在弹出的快捷菜单中选择【复制】菜单项，如图 2-73 所示。

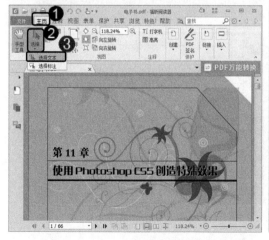
图 2-72

图 2-73

将文本复制后，用户可以打开 Word 文档，单击【剪贴板】选项组中的【粘贴】按钮 ，如图 2-74 所示。

第6步 可以看到已经将所复制的文本粘贴到 Word 文档中，如图 2-75 所示。

图 2-74　　　　　　　　　　　　　　　　　　　图 2-75

2.6　实践案例与上机指导

通过本章的学习，读者基本可以掌握文件管理与阅读的基本知识以及一些常见的操作方法，下面通过练习一些案例操作，以达到巩固学习、拓展提高的目的。

↑扫码看视频

2.6.1　使用 Adobe Reader 的朗读功能

Adobe Reader 软件具备高度智能化的中英文识别与朗读能力，用户可以放心地使用 Adobe Reader 软件朗读英文文档或者中文文档。下面详细介绍使用朗读功能的操作方法。

素材保存路径：配套素材\第 2 章

素材文件名称：教程.pdf

第1步 打开需要朗读的 PDF 文档，如素材文件"教程.pdf"，在菜单栏中选择【视图】→【朗读】→【启用朗读】菜单项，如图 2-76 所示。

第2步 返回到【Adobe Reader】软件主界面，在文档文字处单击需要朗读的内容，【Adobe Reader】软件会自动朗读该部分文字内容，这样即可完成使用朗读功能的操作，如图 2-77 所示。

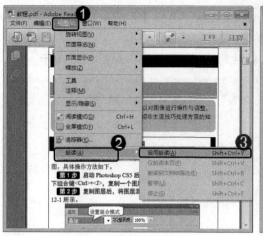

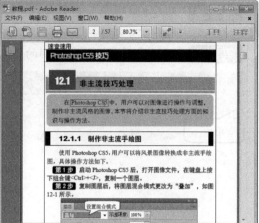

图 2-76 图 2-77

智慧锦囊

在【Adobe Reader】程序窗口中，按键盘上 Ctrl+Shift+Y 组合键来实现，也可以达到启用朗读功能的效果。

2.6.2 使用文件夹加密超级大师的磁盘保护功能

文件夹加密超级大师的磁盘保护功能，可防止数据被人为删除、复制、移动和重命名，还支持加密文件夹的临时解密，下面详细介绍使用磁盘保护功能的操作方法。

第 1 步 在打开的【文件夹加密超级大师】程序窗口中，单击【磁盘保护】按钮，如图 2-78 所示。

第 2 步 弹出【磁盘保护】对话框，单击【添加磁盘】按钮，如图 2-79 所示。

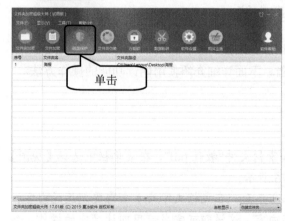

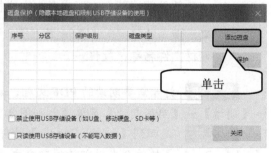

图 2-78 图 2-79

第 3 步 弹出【添加磁盘】对话框，**1.** 在【磁盘】区域右侧，选择准备添加保护的磁盘，例如选择【本地磁盘(F:)】复选框，**2.** 单击【确定】按钮 ，如图 2-80 所示。

第4步 弹出一个对话框提示"是否需要重启资源管理器让操作及时生效？"，单击【是】按钮 ，如图 2-81 所示。

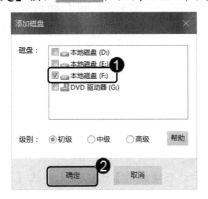

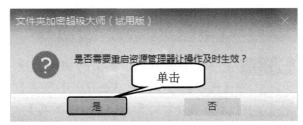

图 2-80　　　　　　　　　　　　　　　　　图 2-81

第5步 返回到【磁盘保护】对话框，在已经受到保护的磁盘列表区域中，可以看到已经受到保护的磁盘分区，单击【关闭】按钮 ，如图 2-82 所示。

图 2-82

第6步 打开该计算机窗口，可以看到"本地磁盘(F:)"已被隐藏，通过上述方法即可完成使用文件夹加密超级大师的磁盘保护功能的操作，如图 2-83 所示。

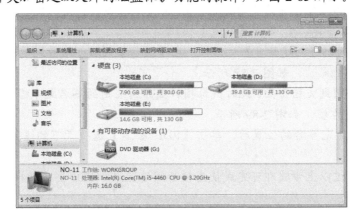

图 2-83

2.6.3 使用福昕阅读器添加 PDF 签名

使用福昕阅读器还可以在 PDF 上加"个性签名",这样个人签名就能够伴随着 PDF 文档的传播展现给每个人,同时相当于给 PDF 加上了水印,下面详细介绍使用福昕阅读器添加 PDF 签名的操作方法。

　素材保存路径:配套素材\第 2 章
　素材文件名称:教程.pdf

第 1 步 打开需要添加 PDF 签名的 PDF 文档,素材文件"教程.pdf",**1.** 选择【保护】选项卡,**2.** 在【保护】选项组中单击【PDF 签名】按钮，如图 2-84 所示。

第 2 步 系统会自动打开一个【PDF 签名】选项卡,在【签名】选项组中单击【创建签名】按钮，如图 2-85 所示。

图 2-84

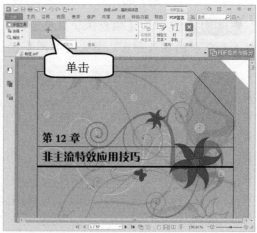
图 2-85

第 3 步 弹出【创建签名】对话框,在【创建方式】区域单击【输入签名】按钮 输入签名(T) ,如图 2-86 所示。

第 4 步 弹出【输入签名】对话框,**1.** 在【输入签名】文本框中输入准备应用的签名,**2.** 选择合适的字体,**3.** 单击【确定】按钮 确定 ,如图 2-87 所示。

第 5 步 返回到【创建签名】对话框,在【预览】区域可以看到创建的签名样式,单击【保存】按钮 保存 ,如图 2-88 所示。

第 6 步 返回到文档页面,此时鼠标指针变为所应用的签名文字框,拖动到合适的位置,然后单击鼠标左键,如图 2-89 所示。

第 7 步 确定完签名的位置后,单击【PDF 签名】选项卡下的【关闭】按钮，如图 2-90 所示。

第 8 步 通过以上步骤即可完成使用福昕阅读器添加 PDF 签名的操作,效果如图 2-91 所示。

图 2-86

图 2-87

图 2-88

图 2-89

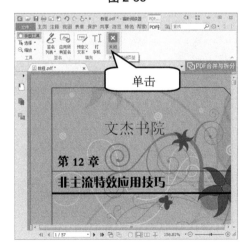

图 2-90

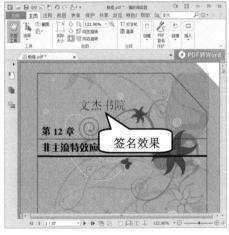

图 2-91

2.7　思考与练习

1. 填空题

(1) 在压缩文件的时候，如果不希望别人看到压缩文件里面的内容，可以使用 WinRAR 的_____功能为压缩文件添加密码。

(2) 使用 WinRAR 工具软件可以把文件_____到指定目录中，从而方便查看和使用。

(3) 很多论坛对上传的附件大小都有限制，如果用户想上传一个大小 2MB 的文件到论坛，而论坛限制每个文件大小为 500KB，用 WinRAR 就可以实现_____压缩。

(4) ____是一种根据要求在操作系统层自动地对写入存储介质的数据进行加密的技术。

2. 判断题

(1) 使用 WinRAR 压缩软件，可以将电脑中保存的文件压缩，缩小文件的体积，便于存放和传输。　　　　　　　　　　　　　　　　　　　　　　　　　　　　　( )

(2) 自解压文件是解压缩文件的一种，它结合了可执行文件模块，使用非常方便，如果用户想要将压缩文件传给某人，但不知道他们是否有该压缩程序可以解压文件时，可以使用自解压文件进行操作。　　　　　　　　　　　　　　　　　　　　　　　　( )

(3) 文件夹伪装可以把文件夹伪装成回收站、CAB 文件夹、打印机或其他类型的文件等，伪装后打开的是伪装的系统对象或文件而不是伪装前的文件夹。　　　　　( )

3. 思考题

(1) 如何快速压缩文件？

(2) 如何使用 Word 导出 PDF 电子书？

新起点 电脑教程

第 3 章

图像浏览与编辑处理

本章要点

- 查看图片——ACDSee
- 图像编辑——光影魔术手
- 屏幕截图工具——Snagit
- 图片压缩与制作电子相册
- 美图秀秀

本章主要内容

本章主要介绍查看图片、图像编辑和屏幕截图工具方面的知识与技巧，同时还讲解了图片压缩与制作电子相册的方法，在本章的最后还针对实际的工作需求，讲解了使用美图秀秀的方法。通过本章的学习，读者可以掌握图像浏览与编辑处理方面的知识，为深入学习计算机常用工具软件知识奠定基础。

3.1 查看图片——ACDSee

ACDSee 是非常流行的看图工具之一，它提供了良好的操作界面、简单人性化的操作方式、优质的快速图形解码方式、丰富的图形格式支持和强大的图形文件管理功能等。本节详细介绍 ACDSee 软件的相关知识及使用方法。

↑ 扫码看视频

3.1.1 浏览图片

使用 ACDSee 看图软件，可以很方便地浏览电脑中的图片，下面详细介绍使用 ACDSee 浏览图片的操作方法。

第 1 步 安装 ACDSee Photo Manager 后，**1.** 在 Windows 7 桌面单击【开始】按钮。**2.** 在弹出的【开始】菜单中选择【所有程序】菜单项，如图 3-1 所示。

第 2 步 在打开的【所有程序】菜单中，**1.** 选择【ACD Systems】菜单项。**2.** 选择【ACDSee Photo Manager 12】程序，如图 3-2 所示。

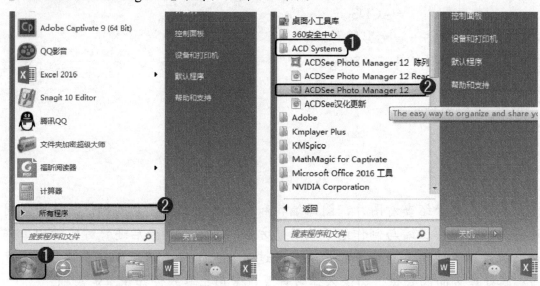

图 3-1   图 3-2

第 3 步 启动 ACDSee 应用程序。**1.** 在【文件夹】任务窗格中展开图片所在的文件夹目录。**2.** 在【缩略图】任务窗格中双击准备放大浏览的照片，如图 3-3 所示。

第 4 步 通过以上操作步骤即可使用 ACDSee 浏览照片，如图 3-4 所示。

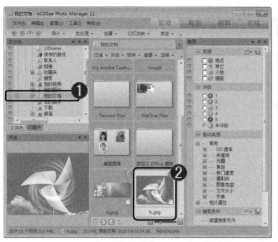

图 3-3

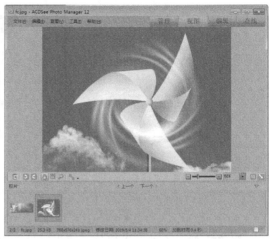

图 3-4

3.1.2　图片批量重命名

使用 ACDSee 看图软件，用户可以十分便捷地对各种图形图像批量重命名，下面介绍使用 ACDSee 看图软件，对图片批量重命名的操作方法。

第 1 步　启动 ACDSee 应用程序，**1.** 在【文件夹】任务窗格中展开图片所在的文件夹，**2.** 在【缩略图】任务窗格中，选择准备批量重命名的多张图片，如图 3-5 所示。

第 2 步　在【缩略图】任务窗格中，**1.** 单击鼠标右键，**2.** 在弹出的快捷菜单中，选择【重命名】菜单项，如图 3-6 所示。

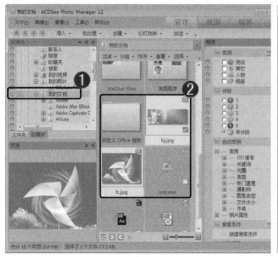

图 3-5

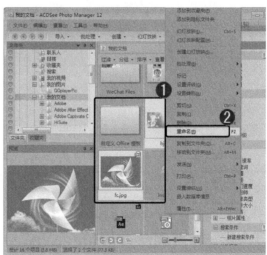

图 3-6

第 3 步　弹出【批量重命名】对话框。**1.** 选择【模板】选项卡，**2.** 在【模板】文本框中，输入准备更改的名字，**3.** 单击【开始重命名】按钮 开始重命名(R)，如图 3-7 所示。

第 4 步　进入到【正在重命名文件】界面，单击【完成】按钮 完成，如图 3-8 所示。

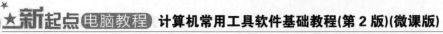

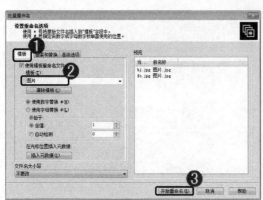

图 3-7

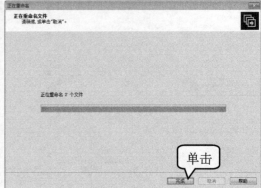

图 3-8

第 5 步 通过以上操作步骤即可对图片进行批量重命名，如图 3-9 所示。

图 3-9

智慧锦囊

　　Windows 7 系统中默认安装了一款名为"Windows 照片查看器"的看图软件，使用该软件也可以浏览图片，该软件小巧简单，功能相对也较为有限。

3.1.3　设置图片为屏保

　　用户还可以使用 ACDSee 看图软件制作屏幕保护，设置屏幕保护可以延长显示器的使用寿命。下面介绍使用 ACDSee 看图软件制作屏幕保护的方法。

　　第 1 步 启动 ACDSee 应用程序，**1.** 单击菜单栏中的【工具】菜单，**2.** 在弹出的菜单中，选择【屏幕保护程序配置】菜单项，如图 3-10 所示。

　　第 2 步 弹出【ACDSee 屏幕保护程序】对话框，在【选择的图像】区域下方，单击

【添加】按钮 添加(A)... ，如图 3-11 所示。

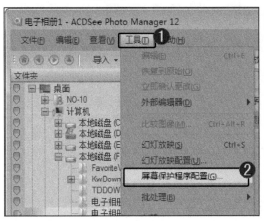 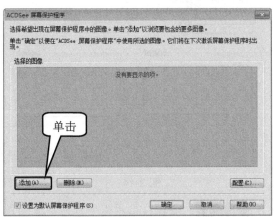

图 3-10　　　　　　　　　　　　　　　　　　　图 3-11

第3步　弹出【选择项目】对话框，**1.** 在【文件夹】任务窗格中，展开图片所在的文件夹，**2.** 在【可用的项目】区域中，单击【全部选择】按钮 全部选择(S)，**3.** 单击【添加】按钮 添加(A)，**4.** 在【选择的项目】区域中，单击【全选】按钮 全选(E)，**5.** 单击【确定】按钮 确定，如图 3-12 所示。

第4步　返回到【ACDSee 屏幕保护程序】界面中，单击【配置】按钮 配置(C)...，如图 3-13 所示。

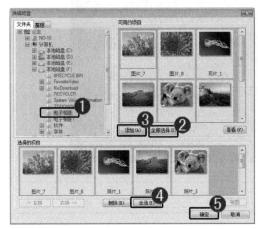 

图 3-12　　　　　　　　　　　　　　　　　　　图 3-13

第5步　进入【设置选项以控制屏幕保护程序的外观】界面，**1.** 选择【文本】选项卡，**2.** 选择【显示页眉文本】复选框，**3.** 在【文本】区域中，输入准备录入的文本，**4.** 选择【显示页脚文本】复选框，**5.** 在【文本】区域中，输入准备录入的文本，**6.** 单击【确定】按钮 确定，如图 3-14 所示。

第6步　返回到【ACDSee 屏幕保护程序】界面中，确认操作后，单击【确定】按钮 确定，如图 3-15 所示。

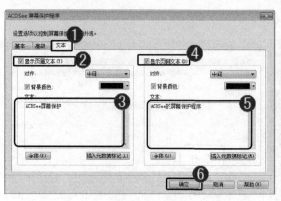

图 3-14

图 3-15

第7步 通过以上步骤即可完成设置图片为屏保的操作，如图 3-16 所示。

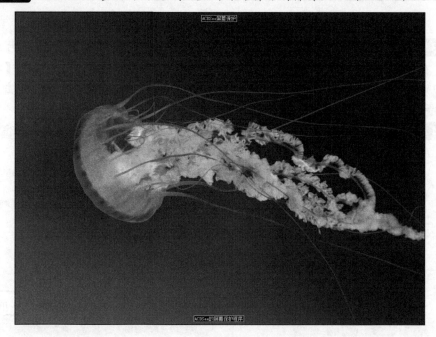

图 3-16

智慧锦囊

在 Windows 7 操作系统中，用户还可以右击桌面，在弹出的快捷菜单中选择【个性化】菜单项，然后单击窗口右下角的【屏幕保护程序】，即可弹出【屏幕保护程序设置】对话框，用户在该对话框中可设置详细的屏幕保护程序。

3.1.4 批量旋转图片

通常用户把一些图片存入电脑以后，发现图片的方向不是需要的方向，这时可以通过旋转的方式进行图片方向的校正，如果图片很多，则可以使用 ACDSee 批量旋转图片，下面详细介绍其操作方法。

第 1 步　启动 ACDSee 应用程序，**1.** 在【文件夹】任务窗格中展开图片所在的文件夹，**2.** 按住键盘上的 Ctrl 键，同时在【缩略图】任务窗格中，选择准备批量旋转的图片，如图 3-17 所示。

第 2 步　在菜单栏中选择【工具】→【批处理】→【旋转/翻转】菜单项，如图 3-18 所示。

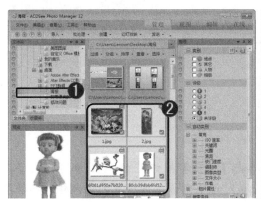

图 3-17

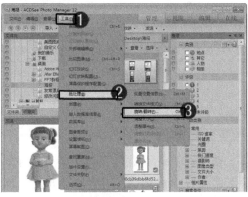

图 3-18

第 3 步　弹出【批量旋转/翻转图像】对话框，**1.** 在左侧区域单击准备翻转的方向按钮，如单击【逆时针 90°】按钮，**2.** 单击【开始旋转】按钮 开始旋转(R)，如图 3-19 所示。

第 4 步　进入【正在旋转文件】界面，用户需要在线等待一段时间，如图 3-20 所示。

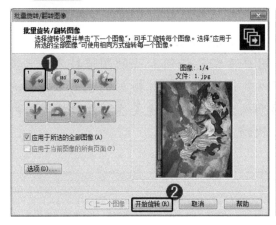

图 3-19

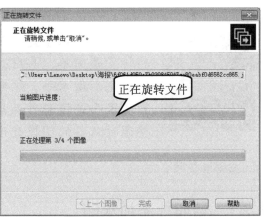

图 3-20

第 5 步　旋转完成后，单击【完成】按钮 完成 ，如图 3-21 所示。

第 6 步　返回到 ACDSee 应用程序主界面，可以看到已经将所选择的图片进行批量旋转，这样即可完成批量旋转图片的操作，如图 3-22 所示。

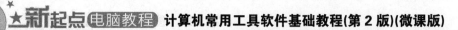

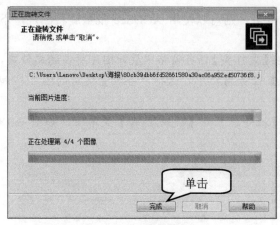

图 3-21

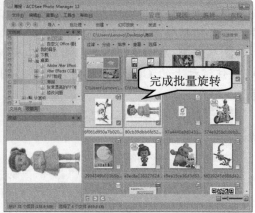

图 3-22

智慧锦囊

在【批量旋转/翻转图像】对话框中，单击【选项】按钮 选项(O)... ，即可弹出【批量图像旋转/翻转选项】对话框，用户可以在该对话框中详细地设置图像翻转的各种参数设置。

3.2　图像编辑——光影魔术手

光影魔术手是一款免费的数码照片处理软件。光影魔术手的特点是简单、易用，用户不需要任何专业的图像技术，只要通过光影魔术手，就可以制作出专业胶片摄影的色彩效果。光影魔术手是摄影作品后期处理、图片快速美容、数码照片冲印整理时必备的图像处理软件。

↑ 扫码看视频

3.2.1　给照片添加水印

使用光影魔术手，用户可以给照片添加水印。给照片添加水印，既可以保护作品的版权，又可以使照片更加美观。下面介绍给照片添加水印的操作方法。

第 1 步　启动光影魔术手应用程序，单击主界面左上角的【打开】按钮 ，如图 3-23 所示。

第 2 步　弹出【打开】对话框，1.选择准备打开的图片存放的目标磁盘，2.选择准备打开的图片，3.单击【打开】按钮 打开(O) ，如图 3-24 所示。

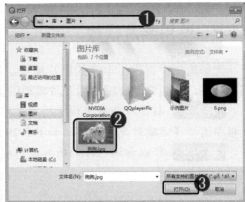

图 3-23　　　　　　　　　　　　　　图 3-24

第 3 步　打开图像之后，*1.* 单击右上角的【水印】按钮，*2.* 单击【添加水印】按钮　添加水印　，如图 3-25 所示。

第 4 步　弹出【打开】对话框，*1.* 选择准备作为水印的图片，*2.* 单击【打开】按钮　打开(O)　，如图 3-26 所示。

图 3-25　　　　　　　　　　　　　　图 3-26

第 5 步　返回到软件主界面，此时可以拖动鼠标将所选择的水印图片移动到合适的位置处，如图 3-27 所示。

第 6 步　通过以上步骤即可完成给照片添加水印的操作，效果如图 3-28 所示。

图 3-27　　　　　　　　　　　　　　图 3-28

3.2.2 使用照片模板

光影魔术手提供了丰富的照片模板，用户可以给照片加上各种精美的边框、个性化的相片效果，下面详细介绍使用照片模板的操作方法。

第 1 步 打开准备应用模板的照片后，**1.** 单击【模板】按钮，**2.** 在弹出的下拉列表框中选择【温暖时光】选项，如图 3-29 所示。

第 2 步 可以看到打开的图片应用模板的效果，这样即可完成使用照片模板的操作，如图 3-30 所示。

图 3-29

图 3-30

3.2.3 人像美容

使用光影魔术手，用户还可以对人像进行美容。光影魔术手可以自动识别人像的皮肤，把粗糙的毛孔磨平，令肤质更细腻白皙，同时用户可以选择加入柔光的效果，使人像产生朦胧美。下面介绍将人像制作成影楼风格的操作方法。

第 1 步 在光影魔术手应用程序中打开照片，**1.** 单击右上角的【数码暗房】按钮，**2.** 选择【人像】选项卡，**3.** 单击【人像美容】，如图 3-31 所示。

第 2 步 进入到【人像美容】界面，**1.** 用户可以分别调节【磨皮力度】【亮白】【范围】参数进行人像美容，**2.** 调整完成后单击【确定】按钮，如图 3-32 所示。

图 3-31

图 3-32

第3步　通过以上步骤即可使用光影魔术手对人像进行美容处理，如图 3-33 所示。

图 3-33

3.2.4　制作报名照

使用光影魔术手可以快速地制作出标准的一寸、二寸、二代身份证、护照照片和各种公务员考试使用照片等，下面详细介绍制作报名照的操作方法。

第1步　在光影魔术手应用程序中打开照片，1. 单击右上角的【更多】按钮▇，2. 在弹出的下拉列表框中选择【工具】选项，3. 选择【报名照】选项，如图 3-34 所示。

第2步　进入到【光影报名照】界面，1. 选择准备应用的照片规格，本例选择【标准二寸】选项，2. 单击【确定裁剪】按钮▇▇▇▇▇，如图 3-35 所示。

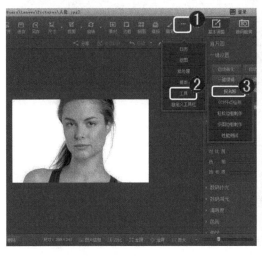

图 3-34

图 3-35

第3步　进入到裁剪界面，1. 用户可以调节照片区域到合适大小和位置，2. 单击【确定裁剪】按钮▇▇▇▇，如图 3-36 所示。

第4步　确定裁剪位置后，1. 用户可以单击右边的【一键换背景】区域的颜色替换背景颜色，**2.** 单击【保存】按钮 ，如图 3-37 所示。

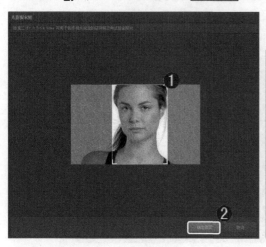

图 3-36   图 3-37

第5步 弹出【保存提示】对话框，**1.** 设置保存路径，**2.** 设置文件大小，**3.** 单击【确定】按钮 ，如图 3-38 所示。

第6步 弹出【提示】对话框，提示已经保存成功，单击【查看】按钮 可以查看制作好的报名照，单击【确定】按钮 ，即可完成制作报名照的操作，如图 3-39 所示。

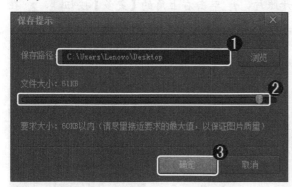

图 3-38   图 3-39

3.2.5　制作图像边框

使用光影魔术手，用户可以为照片制作花样边框。花样边框会使照片更加俏皮漂亮，下面介绍制作花样边框的操作方法。

第1步 在光影魔术手应用程序中打开照片，**1.** 单击上方的【边框】按钮，**2.** 在弹出的下拉列表框中选择【花样边框】选项，如图 3-40 所示。

第2步 进入到【花样边框】界面，**1.** 选择【我的收藏】选项卡，**2.** 选择准备应用的边框样式，本例选择【电影胶卷】样式，**3.** 单击【确定】按钮 ，如图 3-41 所示。

 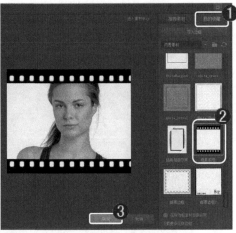

图 3-40　　　　　　　　　　　　　　　　图 3-41

第 3 步　进入到软件主界面，可以看到已经为照片添加了选择的边框样式，这样即可完成添加图像边框的操作，如图 3-42 所示。

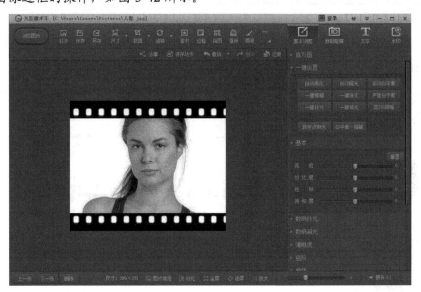

图 3-42

3.2.6　为照片添加文字

在制作图片的时候，通常会在图片上添加文字，让制作的图片看起来更生动，下面详细介绍使用光影魔术手为照片添加文字的操作方法。

在光影魔术手应用程序中打开照片，首先单击右上角的【文字】按钮 ，然后在【文字】文本框中输入准备添加的文本内容，接着设置文字的字体样式、字体大小和字体颜色，移动添加的文本到合适的位置处，最后单击【保存】按钮 ，即可完成为照片添加文字的操作，如图 3-43 所示。

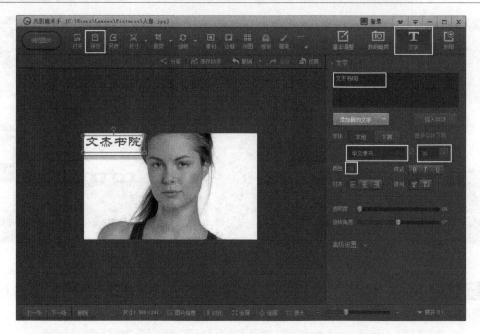

图 3-43

智慧锦囊

　　用户还可以在【添加文字】界面中，设置文字的对齐方式、排列方式、文字的透明度、旋转角度等详细的参数设置。

3.3　屏幕截图工具——Snagit

　　Snagit 是一个极其优秀的捕捉图形的应用软件，它可以捕获 Windows 屏幕、DOS 屏幕、RM 电影、游戏画面、菜单、窗口、客户区窗口、最后一个激活的窗口或用鼠标定义的区域。本节将详细介绍 Snagit 应用软件的相关知识及使用方法。

↑ 扫码看视频

3.3.1　设置截图快捷键

　　使用 Snagit 应用软件截图时，用户可以对截图的快捷键进行设置。设置截图快捷键可以极大方便用户的操作，下面介绍设置截图快捷键的操作方法。

　　第 1 步　　安装 Snagit 10 后，1. 在 Windows 7 桌面单击【开始】按钮，2. 在弹出的【开始】菜单中选择【所有程序】菜单项，如图 3-44 所示。

第 2 步 在打开的【所有程序】菜单中，***1.*** 选择【Snagit 10】菜单项，***2.*** 选择【Snagit 10】程序，如图 3-45 所示。

图 3-44

图 3-45

第 3 步 启动 Snagit 10 应用程序，***1.*** 在菜单栏中单击【工具】菜单，***2.*** 在弹出的菜单中选择【程序参数设置】菜单项，如图 3-46 所示。

第 4 步 弹出【程序参数设置】对话框，***1.*** 选择【热键】选项卡，***2.*** 在【全局捕获】区域中，可以设置准备应用的快捷键选项，***3.*** 单击【确定】按钮 确定 ，即可完成设置截图快捷键的操作，如图 3-47 所示。

图 3-46

图 3-47

3.3.2 捕获指定窗口图像

使用 Snagit 应用软件，用户可以捕获屏幕中指定窗口图像。捕获屏幕中指定窗口图像可以方便用户工作的需要，下面介绍捕获屏幕中指定窗口图像的操作方法。

第 1 步 启动 Snagit 应用程序，***1.*** 在【方案设置】区域中，单击【输入类型】下拉按钮▼，***2.*** 在弹出的快捷菜单中，选择【窗口】菜单项，如图 3-48 所示。

第2步 最小化 Snagit 管理器后，打开准备捕获图像的文件窗口。按截图快捷键，如 Print Screen 键，选择准备捕获图像的文件窗口区域，如图 3-49 所示。

图 3-48

图 3-49

第3步 弹出 Snagit 编辑器，*1.* 在【图像显示窗口】区域中，显示刚刚捕获的图像，*2.* 右击捕获的图像，在弹出快捷菜单中选择【复制】菜单项，如图 3-50 所示。

第4步 通过以上操作步骤即可使用 Snagit 应用软件捕获屏幕中指定窗口图像，此时用户可以将捕获的图像粘贴到指定的位置上，如图 3-51 所示。

图 3-50

图 3-51

3.3.3 为截取图像添加标注

使用 Snagit 应用软件，用户可以为截取图像添加标注。为截取图像添加标注，用户可以对截图所包含的内容进行说明，下面介绍为截取图像添加标注的操作方法。

第1步 使用 Snagit 应用程序获取图片后，*1.* 在 Snagit 编辑器中，选择【拖拉】选项卡，**2.** 在【绘图工具】组中，单击【项目符号】按钮，如图 3-52 所示。

第 2 步 在【图像显示】窗口中，单击获取的图片，当鼠标指针变成""图标时，在某一点开始单击进行拖曳，在目标位置处释放鼠标左键，如图 3-53 所示。

图 3-52 　　　　　　　　　　　　　　　　　图 3-53

第 3 步 单击图形文本框后，**1.** 输入准备录入的文本，如"考拉"，**2.** 当鼠标指针变成""图标时单击图形，**3.** 弹出快捷工具栏，可以设置字体格式，如图 3-54 所示。

第 4 步 通过以上操作步骤即可为截取图像添加标注，效果如图 3-55 所示。

图 3-54 　　　　　　　　　　　　　　　　　图 3-55

 智慧锦囊

　　Snagit 应用软件不仅可以捕捉静止的图像，还可以获得动态的图像和声音。另外，Snagit 应用软件还可以在选中的范围内只获取文本。

3.3.4 计时器设置

设置计时器，可以开启延时捕获，当用户有延时的需求时可以通过菜单或下拉列表来设置，下面详细介绍设置计时器的操作方法。

第1步 启动 Snagit 应用程序后，**1.** 在菜单栏中单击【工具】菜单，**2.** 在弹出的菜单项中选择【计时器设置】菜单项，如图 3-56 所示。

第2步 弹出【计时器设置】对话框，**1.** 选择【延时/计划】选项卡，**2.** 选择【开启延时/计划捕获】复选框，**3.** 选择【延时捕获】单选项并设置【延时】时间，**4.** 选择【显示倒计时】复选框，**5.** 单击【确定】按钮 确定 ，如图 3-57 所示。

图 3-56

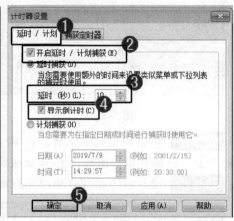

图 3-57

第3步 返回到应用程序主界面，可以看到提示添加了一个新方案，单击右下角处的【捕获】按钮，如图 3-58 所示。

第4步 此时即可看到在操作系统的右下角会出现一个倒计时图标，如图 3-59 所示。

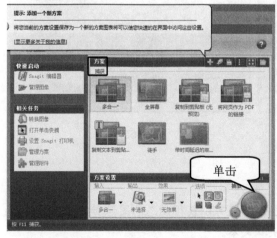

图 3-58

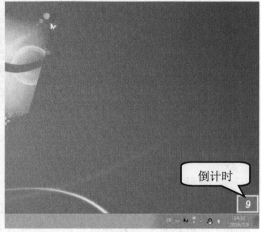

图 3-59

第5步 待倒计时结束后，系统会自动启动截图模式，此时即可选取准备截取的区域，如图 3-60 所示。

第 6 步　通过以上操作步骤即可完成设置计时器进行截图的操作，如图 3-61 所示。

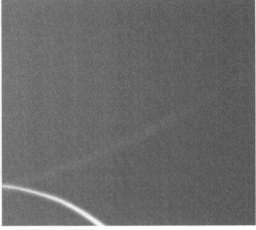

图 3-60　　　　　　　　　　　　　　　　　图 3-61

3.3.5　截取全屏幕图像

使用 Snagit 应用软件，用户可以截取全屏幕图像。截取全屏幕图像可以包含多个窗口或其他信息内容，方便用户使用。下面介绍截取全屏幕图像的操作方法。

第 1 步　启动 Snagit 应用程序，**1.** 在【方案设置】区域中，单击【输入类型】下拉按钮▼，**2.** 在弹出的下拉菜单中，选择【全屏幕】菜单项，如图 3-62 所示。

第 2 步　最小化 Snagit 管理器后，打开准备捕获全屏幕图像的文件窗口，如桌面。按截图快捷键，如 Print Screen 键，在弹出 Snagit 编辑器窗口中，可以查看刚刚获取的全屏幕图像，如图 3-63 所示。

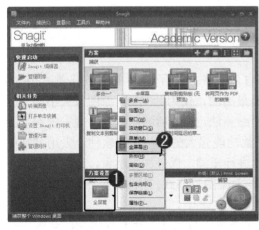

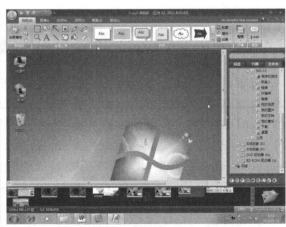

图 3-62　　　　　　　　　　　　　　　　　图 3-63

第 3 步　通过以上步骤即可使用 Snagit 应用软件截取全屏幕图像，如图 3-64 所示。

图 3-64

3.4 图片压缩与制作电子相册

电脑中的图片如果太多,用户可以使用一些应用软件将图片进行压缩,或用来制作电子相册,从而方便整理电脑中的图片,并使得电脑硬盘整洁。本节将详细介绍图片压缩与制作电子相册的相关知识及操作方法。

↑ 扫码看视频

3.4.1 使用 Image Optimizer 压缩图片

目前,在互联网上应用最广泛的图片就是 JPEG 和 GIF 格式了,其中照片几乎都是 JPEG 格式。JPEG 在目前的静止图像格式中的压缩比是最高的,仅为其 BMP 原图像大小的十分之一,但是 JPEG 格式的图片采用的是一种有损压缩算法,压缩后的图像会出现一定程度上的失真(即"毛边"现象)。Image Optimizer 是一款功能强大的图片压缩软件,采用独特的 Magi Compress 压缩技术,可以将多种格式的图像进行压缩,保证图像质量,最高可减少一半的大小,支持 JPG、GIF、PNG、BMP、TIF 等多种主流图片格式。下面详细介绍使用 Image Optimizer 压缩图片的操作方法。

第 1 步 启动 Image Optimizer 应用程序,单击左上角的【打开】按钮 ,如图 3-65 所示。

第 2 步 弹出【Open】对话框,**1.** 选择准备打开进行压缩的图片,**2.** 单击【打开】按钮 打开(0) ,如图 3-66 所示。

图 3-65   图 3-66

第 3 步 打开图片,同时弹出【增强图像】对话框,**1.** 用户可以单击【自动色阶】按钮 ✎ 来优化图片颜色,**2.** 单击【另存为】按钮 📄,如图 3-67 所示。

第 4 步 弹出【优化图像另存为】对话框,**1.** 设置文件名名称,**2.** 设置图像保存类型,**3.** 单击【保存】按钮 保存(S),如图 3-68 所示。

图 3-67   图 3-68

第 5 步 打开保存图片所在的位置,可以看到已经压缩好的图片,这样即可完成使用 Image Optimizer 压缩图片的操作,如图 3-69 所示。

图 3-69

3.4.2 艾奇视频电子相册制作软件

艾奇视频电子相册制作软件是一款制作视频电子相册的免费软件。艾奇视频电子相册制作软件操作简单，你只需要将图片和音乐文件添加到软件中就可以开始制作了，不需复杂的操作就可以完成电子相册的制作。不仅如此，艾奇视频电子相册制作软件还支持多种的输入输出格式，支持光盘制作，可以分享到视频网站等，为用户带来高效便捷的使用体验。下面详细介绍使用艾奇视频电子相册制作软件的操作方法。

第 1 步 启动艾奇视频电子相册制作软件，单击左上角的【添加图片】按钮，如图 3-70 所示。

第 2 步 弹出【添加图片】对话框，**1.** 选择准备进行制作相册的图片，**2.** 单击【打开】按钮，如图 3-71 所示。

图 3-70   图 3-71

第 3 步 返回到软件主界面，可以看到已经添加了选择的图片到软件中，用户可以调整图片的排序。单击【添加音乐】按钮，如图 3-72 所示。

第 4 步 弹出【打开】对话框，**1.** 选择准备添加的音乐文件，**2.** 单击【打开】按钮，如图 3-73 所示。

图 3-72   图 3-73

第5步 返回到软件主界面，可以看到已经添加了选择的音乐文件，单击【开始制作】按钮，如图 3-74 所示。

第6步 弹出【输出设置】对话框，**1.** 根据需要设置输出方式，**2.** 设置输出格式，**3.** 设置文件名，**4.** 设置输出目录，**5.** 单击【开始制作】按钮，如图 3-75 所示。

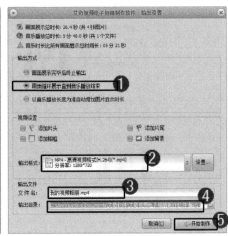

图 3-74　　　　　　　　　　　　　　　　图 3-75

第7步 弹出【选择处理图片方式】对话框，**1.** 选择【按比例放大(放大后图片清晰度会有所降低)】单选项，**2.** 单击【确定】按钮，如图 3-76 所示。

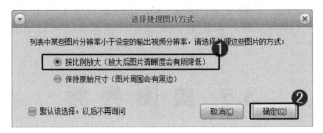

图 3-76

第8步 进入到【视频相册制作中】界面，用户需要等待一段时间，如图 3-77 所示。

第9步 弹出对话框，提示"视频相册制作完毕！"，单击【确定】按钮，如图 3-78 所示。

图 3-77　　　　　　　　　　　　　　　图 3-78

第10步 打开输出目录，可以看到已经制作好的视频相册，这样即可完成电子相册制作的操作，如图 3-79 所示。

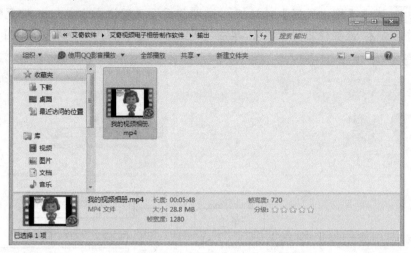

图 3-79

 智慧锦囊

将需要的图片添加到艾奇视频电子相册制作软件中以后，可以对图片进行编辑、排序。将鼠标指针移到一张图片上，然后在图片的上方就会有铅笔和×图标，单击铅笔按钮就可以对图片进行编辑。如果用户不喜欢这张图片，可以单击×按钮进行删除。

3.5 美图秀秀

美图秀秀是一款很好用的免费图片处理软件。美图秀秀有独家图片特效、美容等功能，可以让用户轻松做出影楼级照片，且支持一键发到新浪微博等。本节将详细介绍美图秀秀的相关知识及使用方法。

↑ 扫码看视频

3.5.1 美化

使用美图秀秀可以轻松地美化照片，实现用户想要的效果，下面详细介绍使用美图秀秀美化照片的操作方法。

第1步 启动美图秀秀应用软件，**1.** 选择【美化图片】选项卡，**2.** 单击【打开图片】

按钮 打开图片 ，如图 3-80 所示。

第2步　弹出【打开图片】对话框，**1.** 选择准备打开的图片，**2.** 单击【打开】按钮 打开(O) ，如图 3-81 所示。

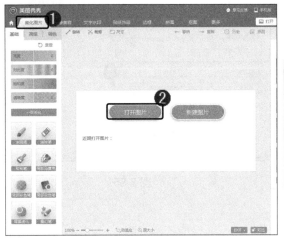

图 3-80　　　　　　　　　　　　　　　　　　图 3-81

第3步　打开准备美化的图片后，单击【基础】栏下的【一键美化】按钮 一键美化 ，即可对该图片进行快速美化，如图 3-82 所示。

第4步　用户还可以在【特效滤镜】区域，**1.** 选择准备应用的特效滤镜，如选择"自然"，**2.** 设置【透明度】参数，**3.** 单击【确定】按钮 确定 ，如图 3-83 所示。

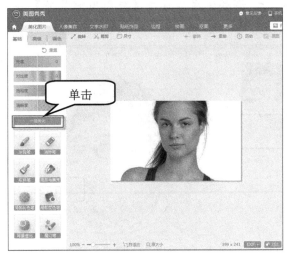
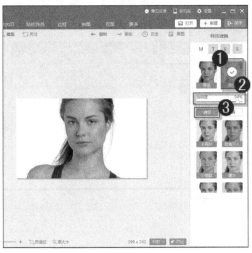

图 3-82　　　　　　　　　　　　　　　　　　图 3-83

第5步　可以看到打开的图片已经进行了全面的美化，单击右上角的【保存】按钮 保存 ，如图 3-84 所示。

第6步　弹出【保存与分享】对话框，**1.** 设置保存路径，**2.** 设置文件名与格式，**3.** 调整画质，**4.** 单击【保存】按钮 保存 ，即可完成美化的操作，如图 3-85 所示。

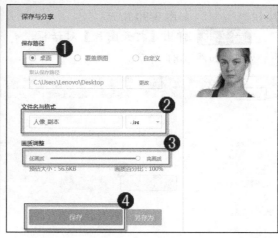

图 3-84

图 3-85

3.5.2 瘦身

使用美图秀秀可以用非常简单的操作实现快速瘦身，打造完美身材。下面详细介绍使用美图秀秀进行瘦身的操作方法。

第1步 启动美图秀秀应用软件，打开准备进行瘦身的图片，**1.** 选择【人像美容】选项卡，**2.** 在【美型】栏下单击【瘦脸】选项，如图 3-86 所示。

第2步 弹出【美型-瘦脸】对话框，**1.** 设置笔触大小和力度，**2.** 在图片区域拖动鼠标，在需要瘦的部分向里面拖曳可以收缩，**3.** 调整完成后单击【应用当前效果】按钮 应用当前效果，如图 3-87 所示。

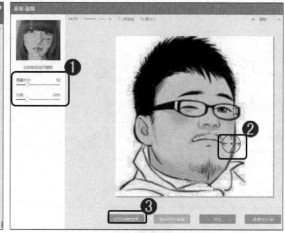

图 3-86

图 3-87

第3步 返回到【人像美容】界面，在【美型】栏下单击【瘦身】选项，如图 3-88 所示。

第4步 弹出【美型-瘦身】对话框，**1.** 拖动鼠标，调整【瘦身程度】参数，**2.** 调整完成后单击【应用当前效果】按钮 应用当前效果，如图 3-89 所示。

图 3-88　　　　　　　　　　　　　　　　图 3-89

第5步　返回到【人像美容】界面中，可以看到已经将该图片进行瘦身处理，单击【保存】按钮 ⬆ 保存，即可完成瘦身的操作，如图 3-90 所示。

图 3-90

3.5.3　祛痘

在自拍时想到脸上的那些痘痘，渐渐会对镜头心生恐惧。其实想要收获完美自拍，几颗痘痘不算什么，利用美图秀秀的祛痘祛斑功能就能彻底跟痘痘说再见。下面详细介绍使用美图秀秀进行祛痘的操作方法。

第1步　启动美图秀秀应用软件，打开准备进行祛痘的图片，**1.** 选择【人像美容】选项卡，**2.** 在【美肤】栏下单击【祛痘祛斑】选项，如图 3-91 所示。

第2步　弹出【美肤-祛痘祛斑】对话框，**1.** 设置祛痘笔大小，**2.** 在图片区域上，单击脸上痘痘明显的地方，**3.** 调整完成后单击【应用当前效果】按钮 应用当前效果，如图 3-92 所示。

图 3-91

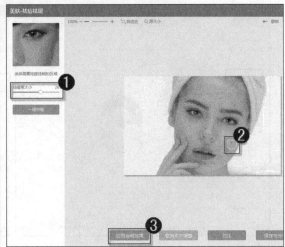

图 3-92

第 3 步 返回到【人像美容】界面中，可以看到已经对该图片进行祛痘处理，单击【保存】按钮 ，即可完成祛痘的操作，如图 3-93 所示。

图 3-93

智慧锦囊

在【美肤-祛痘祛斑】对话框中，用户还可以直接单击【一键祛痘】按钮 ，快速进行祛痘处理。

3.5.4 美白

如果拍摄的照片因为光线不足导致皮肤暗淡，那么用户可以使用美图秀秀轻松地进行美白处理，下面详细介绍其操作方法。

第 1 步 启动美图秀秀应用软件，打开准备进行美白的图片，**1.** 选择【人像美容】选项卡，**2.** 在【美肤】栏下单击【美肤美白】选项，如图 3-94 所示。

　　第 2 步　弹出【美肤-皮肤美白】对话框，**1.** 调整【美白力度】和【肤色】参数，**2.** 调整完成后单击【应用当前效果】按钮 应用当前效果 ，如图 3-95 所示。

| 图 3-94 | 图 3-95 |

　　第 3 步　返回到【人像美容】界面中，可以看到已经对该图片进行美白处理，单击【保存】按钮 保存 即可完成美白的操作，如图 3-96 所示。

图 3-96

3.5.5　眼部美容

　　很多照片眼睛都看起来不够美观，为了使大眼电力十足，将眼睛美化，可以通过美图秀秀来进行修改。美图秀秀眼部美容包括眼睛放大、睫毛膏、眼睛变色和消除黑眼圈等 4 大项美容方案，下面详细介绍眼部美容的操作方法。

第1步 启动美图秀秀应用软件,打开准备进行眼部美容的图片,**1.** 选择【人像美容】选项卡,**2.** 在【眼部】栏下单击【眼睛放大】选项,如图 3-97 所示。

第2步 弹出【眼部-眼睛放大】对话框,**1.** 调整【画笔大小】和【力度】参数,**2.** 在眼部单击调整眼睛的大小,**3.** 调整完成后单击【应用当前效果】按钮 应用当前效果 ,如图 3-98 所示。

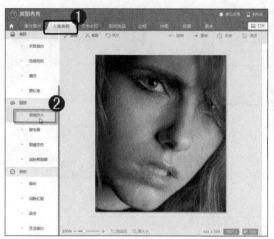

图 3-97　　　　　　　　　　　　　　　　图 3-98

第3步 返回到【人像美容】界面,在【眼部】栏下单击【睫毛膏】选项,如图 3-99 所示。

第4步 弹出【眼部-睫毛膏】对话框,**1.** 调整【睫毛刷大小】和【力度】参数,**2.** 在眼部单击调整睫毛的长度,**3.** 调整完成后单击【应用当前效果】按钮 应用当前效果 ,如图 3-100 所示。

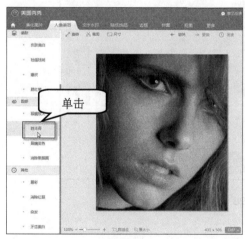
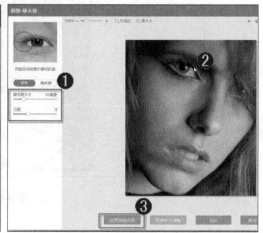

图 3-99　　　　　　　　　　　　　　　　图 3-100

第5步 返回到【人像美容】界面,在【眼部】栏下单击【眼睛变色】选项,如图 3-101 所示。

第6步 弹出【眼部-眼睛变色】对话框,**1.** 调整【变色笔大小】和【透明度】参数,

2. 选择【眼睛变色】颜色，*3.* 在眼部单击调整眼睛的颜色，*4.* 调整完成后单击【应用当前效果】按钮 应用当前效果 ，如图 3-102 所示。

图 3-101　　　　　　　　　　　　　　　　　　图 3-102

第 7 步　返回到【人像美容】界面，在【眼部】栏下单击【消除黑眼圈】选项，如图 3-103 所示。

第 8 步　弹出【眼部-消除黑眼圈】对话框，*1.* 选择【画笔】选项卡，*2.* 调整【画笔大小】和【力度】参数，*3.* 在眼部单击消除黑眼圈，*4.* 调整完成后单击【应用当前效果】按钮 应用当前效果 ，如图 3-104 所示。

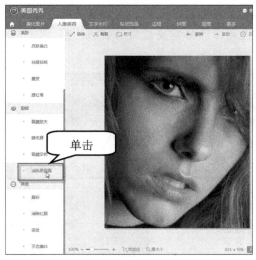

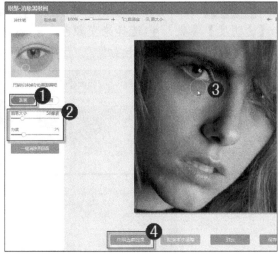

图 3-103　　　　　　　　　　　　　　　　　　图 3-104

第 9 步　返回到【人像美容】界面中，可以看到已经对该图片进行眼部美容处理，单击【保存】按钮 保存 即可完成眼部美容的操作，如图 3-105 所示。

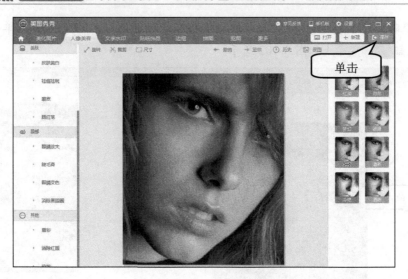

图 3-105

3.5.6 染发

随心情变换发色对时下年轻人来说再平常不过了，要充分显示自己的个性，就要配合服饰和妆容来改变头发的颜色。可是想选一个适合自己的发色需要多番尝试，为了避免伤害头发，可以使用美图秀秀软件的染发功能快速预览适合自己的发色。

第1步 启动美图秀秀应用软件，打开准备进行染发的图片，**1.** 选择【人像美容】选项卡，**2.** 在【其他】栏下单击【染发】选项，如图3-106所示。

第2步 弹出【其他-染发】对话框，**1.** 选择【画笔】选项卡，**2.** 调整【染发笔大小】和【透明度】参数，**3.** 选择染发颜色，**4.** 在头发部位涂抹需要染发的区域，**5.** 调整完成后单击【应用当前效果】按钮 应用当前效果 ，如图3-107所示。

图 3-106

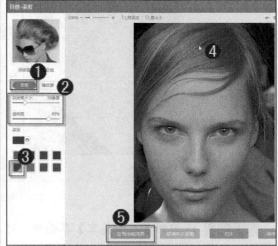

图 3-107

第3步 返回到【人像美容】界面中，可以看到已经对该图片进行染发处理，单击【保存】按钮  即可完成染发的操作，如图 3-108 所示。

图 3-108

3.5.7　饰品

在使用美图秀秀处理图片时，用户还可以使用一些饰品对照片进行画龙点睛，起到很好的修饰作用。下面详细介绍使用美图秀秀"饰品"功能的操作方法。

第 1 步　启动美图秀秀应用软件，打开准备进行添加饰品的图片，*1.* 选择【贴纸饰品】选项卡，*2.* 可以看到有很多饰品栏目，这里选择【热门贴纸】栏目，*3.* 在右侧即可显示【热门贴纸】的相关素材，选择准备添加的饰品素材，如图 3-109 所示。

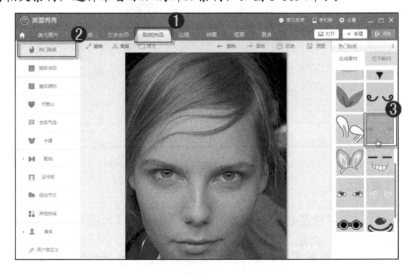

图 3-109

第 2 步　弹出【素材编辑框】对话框，*1.* 设置透明度、旋转角度和素材大小，*2.* 按住鼠标左键拖动，将选择的饰品添加到合适的位置处，如图 3-110 所示。

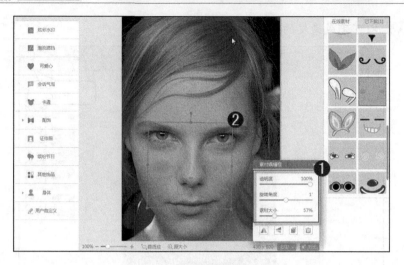

图 3-110

第3步 可以看到已经对该图片添加了饰品效果,单击【保存】按钮 保存 即可完成添加饰品的操作,如图 3-111 所示。

图 3-111

3.5.8 设计边框

在编辑图片时,为了使图片更加精美,美图秀秀还可以为图片添加漂亮的边框作为修饰,下面详细介绍其操作方法。

第1步 启动美图秀秀应用软件,打开准备添加设计边框的图片,1. 选择【边框】选项卡,2. 可以看到有很多边框栏目,这里选择【海报边框】栏目,如图 3-112 所示。

第2步 弹出【海报边框】对话框,1. 在右侧的【海报边框】区域选择准备应用的边框样式,2. 调整完成后单击【应用当前效果】按钮 应用当前效果 ,如图 3-113 所示。

图 3-112　　　　　　　　　　　　　　　　　图 3-113

第 3 步　可以看到已经为该图片设计了边框效果，单击【保存】按钮 ，即可完成添加设计边框的操作，如图 3-114 所示。

图 3-114

3.5.9　拼图

在分享多张图片时，为了省时省力，可以使用美图秀秀的"拼图"功能轻松地对多张图片进行拼接美化处理，下面详细介绍拼图的操作方法。

第 1 步　启动美图秀秀应用软件，打开准备进行拼图的图片，**1.** 选择【拼图】选项卡，**2.** 可以看到有很多拼图栏目，这里选择【模板拼图】栏目，如图 3-115 所示。

第 2 步　弹出【拼图】对话框，**1.** 在右侧的【在线素材】区域选择准备应用的拼图样式，**2.** 单击左侧的【添加多张图片】按钮 ，如图 3-116 所示。

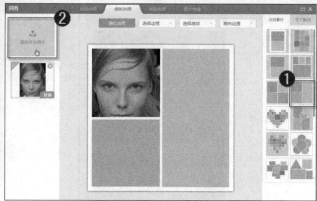

图 3-115　　　　　　　　　　　　　　　　图 3-116

第3步 弹出【打开多张图片】对话框，*1.* 选择准备打开的多张图片，*2.* 单击【打开】按钮 打开(O) ，如图 3-117 所示。

第4步 返回到【拼图】对话框中，可以看到已经对选择的多张图片自动进行拼图处理，如图 3-118 所示。

图 3-117　　　　　　　　　　　　　　　　图 3-118

第5步 完成拼图处理后，*1.* 用户还可以单击【选择底纹】下拉按钮，*2.* 在弹出的下拉列表框中选择准备应用的底纹样式，如图 3-119 所示。

图 3-119

第6步 可以看到拼图效果已经应用了选择的底纹样式，单击【确定】按钮 █████ ，如图 3-120 所示。

第7步 返回到【拼图】界面中，可以看到已经对多张图片进行拼图美化处理，单击【保存】按钮 ▣ 保存 即可完成拼图的操作，如图 3-121 所示。

图 3-120

图 3-121

3.6　实践案例与上机指导

通过本章的学习，读者基本可以掌握图像浏览与编辑处理的基本知识以及一些常见的操作方法，下面通过练习一些案例操作，以达到巩固学习、拓展提高的目的。

↑扫码看视频

3.6.1　使用 ACDSee 转换图片格式

使用 ACDSee 看图软件，用户可以十分便捷地对各种图形图像的格式进行转换，下面以"将 JPEG 格式图片转换成 BMP 位图格式图片"为例，介绍使用 ACDSee 看图软件转换图片格式的操作方法。

第1步 启动 ACDSee 应用程序，*1.* 选择准备修改格式的图片，*2.* 单击工具栏中的【批处理】按钮，*3.* 在弹出的子菜单中选择【转换文件格式】菜单项，如图 3-122 所示。

第2步 弹出【批量转换文件格式】对话框，*1.* 选择【格式】选项卡，*2.* 在【格式】列表框中选择【BMP Windows 位图】列表项，*3.* 单击【下一步】按钮 下一步(N) > ，如图 3-123 所示。

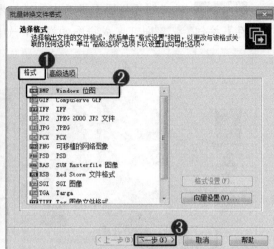

图 3-122   图 3-123

第3步 进入【设置输出选项】界面，*1.* 选择【将修改后的图像放入以下文件夹】单选项，*2.* 单击【浏览】按钮 浏览(B)... ，选择图片存放的位置，如图 3-124 所示。

第4步 弹出【浏览文件夹】对话框，*1.* 选择【桌面】列表项，*2.* 单击【确定】按钮 确定 ，如图 3-125 所示。

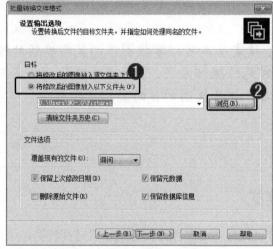

图 3-124   图 3-125

第5步 返回到【设置输出选项】界面，确认设置后，单击【下一步】按钮 下一步(N) > ，如图 3-126 所示。

第6步 进入【设置多页选项】界面，确认设置后单击【开始转换】按钮 开始转换(C) ，如图 3-127 所示。

图 3-126　　　　　　　　　　　　　　　图 3-127

第 7 步　进入【转换文件】界面，显示转换进度，确认文件转换无误后单击【完成】按钮 完成 ，如图 3-128 所示。

第 8 步　返回到桌面，用户可以看到已经转换成 BMP 格式的图片，通过以上步骤即可使用 ACDSee 看图软件转换图片格式，如图 3-129 所示。

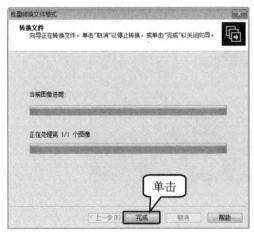

图 3-128　　　　　　　　　　　　　　　图 3-129

3.6.2　使用 Snagit 截取多个窗口图像

使用 Snagit 应用软件，用户还可以截取多个窗口图像。截取多个窗口图像可以满足用户平时的工作需求，下面介绍截取多个窗口图像的操作方法。

第 1 步　启动 Snagit 应用程序，**1.** 在【方案设置】区域中，单击【输入类型】下拉按钮，**2.** 在弹出的下拉菜单中，选择【多重区域】菜单项，如图 3-130 所示。

第 2 步　最小化 Snagit 管理器后，打开准备捕获图像的多个文件窗口。按截图快捷键，如 Print Screen 键，然后按住键盘上的 Alt 键不放，逐个单击准备捕获图像的文件窗口，

如图 3-131 所示。

图 3-130   图 3-131

第 3 步 在选取的窗口区域中右击，在弹出的快捷菜单中选择【完成】菜单项，即可截取多个窗口图像，此时在 Snagit 编辑器的图像显示窗口中显示刚刚捕获的图像，如图 3-132所示。

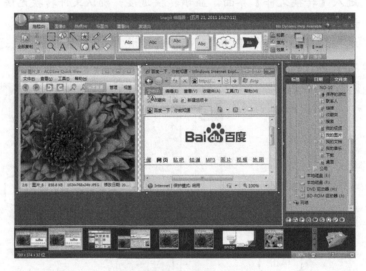

图 3-132

3.6.3 使用光影魔术手制作精美日历

光影魔术手不仅具有改善画质、美化人像、添加胶片效果等功能，还有很多个性化功能，如可以制作精美的日历，以放到自己的桌面上，下面详细介绍其操作方法。

   素材保存路径：配套素材\第 3 章
　　　　　素材文件名称：3.jpg、精美日历.jpg

第 1 步 在光影魔术手应用程序中打开素材文件 "3.jpg"，**1.** 单击右上角的【更多】按钮，**2.** 在弹出的下拉列表框中选择【日历】选项，**3.** 选择【模板日历】选项，如图 3-133所示。

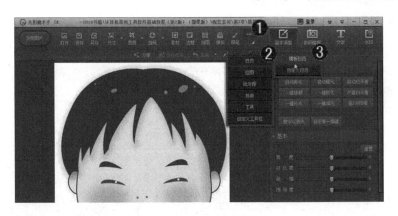

图 3-133

第2步　进入到【模板日历】界面，**1.** 选择【推荐素材】选项卡，**2.** 选择【可爱】栏目，**3.** 在该栏目下用户可以选择一款自己喜欢的日历模板，如图 3-134 所示。

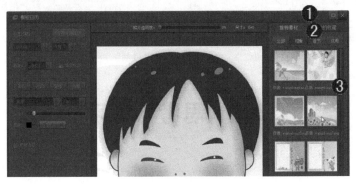

图 3-134

第3步　选择完模板后，系统会自动应用打开的素材文件到模板中，**1.** 调整素材文件的大小和位置，**2.** 然后在左边的编辑框中对"年份""月份""星期""日期"等分别进行编辑，可以改变字体、颜色，也可以为日期加上边框，使日历更加美观，**3.** 编辑完成后单击【确定】按钮 ，如图 3-135 所示。

图 3-135

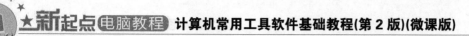

第4步 返回到软件的主界面中，可以看到已经制作好精美的日历，单击【保存】按钮即可完成使用光影魔术手制作精美日历的操作，如图 3-136 所示。

图 3-136

3.7 思考与练习

1. 填空题

给照片添加_____，既可以保护作品的版权，又可以使照片更加美观。

2. 判断题

(1) 使用 ACDSee 看图软件，用户还可以使用 ACDSee 看图软件制作屏幕保护。设置屏幕保护可以延长显示器的使用寿命。　　　　　　　　　　　　　　　（　）

(2) JPEG 在目前的静止图像格式中的压缩比是最高的，仅为其 BMP 原图像大小的百分之一，但是 JPEG 格式的图片采用的是一种有损压缩算法，压缩后的图像会出现一定程度上的失真(即"毛边"现象)。　　　　　　　　　　　　　　　（　）

3. 思考题

(1) 如何使用光影魔术手给照片添加水印？
(2) 如何使用美图秀秀美化照片？

新起点电脑教程

第 **4** 章

娱乐视听工具软件

本章要点

- 多媒体播放——Windows Media Player
- 播放视频——暴风影音
- 网络媒体播放——RealPlayer
- 网络电视——PP视频
- 音频播放——酷狗音乐

本章主要内容

本章主要介绍 Windows Media Player、暴风影音和 RealPlayer 方面的知识与技巧，同时还讲解了如何使用 PP 视频，在本章的最后还针对实际的工作需求，讲解了使用酷狗音乐音频播放软件的方法。通过本章的学习，读者可以掌握娱乐视听工具软件方面的知识，为深入学习计算机常用工具软件知识奠定基础。

4.1 多媒体播放——Windows Media Player

　　　　Windows Media Player 是微软公司出品的一款免费的播放器，是 Microsoft Windows 的一个组件，通常简称 WMP，可以播放 MP3，WMA，WAV 等音频文件。本节将详细介绍多媒体播放 Windows Media Player 的相关知识。

↑ 扫码看视频

4.1.1 认识 Windows Media Player

　　Windows Media Player 是一款 Windows 系统自带的播放器，由标题栏、播放任务栏、列表窗格和播放控制栏组成，如图 4-1 所示。

图 4-1

> ➢ 标题栏：位于 Windows Media Player 播放器的上方，显示播放器的名称，右侧显示控制按钮，包括【最小化】按钮 ━、【最大化】按钮 ▢/【向下还原】按钮 ◰ 和【关闭】按钮 ✕。
> ➢ 播放任务栏：位于标题栏的右下，用于选择播放的任务，包括【返回】按钮 ◉、【前进】按钮 ◉、【播放】选项卡、【刻录】选项卡和【同步】选项卡等。
> ➢ 列表窗格：位于播放任务栏下方，用于显示播放的信息。

> 播放控制栏：位于 Windows Media Player 播放器的下方，可以显示播放的信息，如音乐的时间长度和演唱者等，并显示控制播放的按钮，包括【停止】按钮■、【上一个】按钮◄◄、【暂停】按钮Ⅱ/【播放】按钮▶、【下一个】按钮►►和【静音】按钮◄/【声音】按钮◀》等。

4.1.2　播放电脑中的音乐

使用 Windows Media Player，可以高品质地播放电脑中的本地音乐，下面介绍使用 Windows Media Player 播放音乐的操作方法

第1步 启动 Windows Media Player，在菜单栏中选择【文件】→【打开】菜单项，如图 4-2 所示。

第2步 弹出【打开】对话框，**1.** 选择准备播放的歌曲，**2.** 单击【打开】按钮 打开(O)，如图 4-3 所示。

图 4-2　　　　　　　　　　　　　　　　图 4-3

第3步 返回【Windows Media Player】主界面，可以看到歌曲正在播放，这样即可完成使用【Windows Media Player】播放歌曲的操作，如图 4-4 所示。

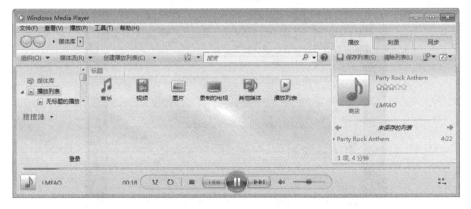

图 4-4

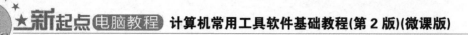

　　在 Windows Media Player 中，还有一种方法可以快速打开准备播放的音乐，按 Ctrl+O 组合键，弹出【打开】对话框，选择准备播放的音乐。

4.1.3　观看 DVD 影碟

　　使用 Windows 系统自带的播放器播放影碟，非常方便快捷，下面详细介绍使用 Windows Media Player 观看 DVD 影碟的操作方法。

　　第 1 步 启动 Windows Media Player，在菜单栏中选择【文件】→【打开】菜单项，如图 4-5 所示。

　　第 2 步 弹出【打开】对话框，**1.** 在导航窗格中选择【DVD RW 驱动器】，**2.** 单击准备播放的影碟，**3.** 单击【打开】按钮 打开(O)，如图 4-6 所示。

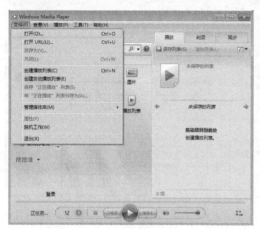

图 4-5　　　　　　　　　　　　　　　　　　　图 4-6

　　第 3 步 通过以上步骤即可完成播放 DVD 影碟的操作，如图 4-7 所示。

图 4-7

4.1.4 创建播放列表

播放列表可以适应不同的场合，而不必一次只是欣赏一个专辑或一个艺术家的音乐，播放列表可以循环重复播放，也可以按随机次序播放，下面详细介绍创建播放列表的操作方法。

第 1 步 启动 Windows Media Player，在菜单栏中选择【文件】→【创建播放列表】菜单项，如图 4-8 所示。

第 2 步 弹出【新建播放列表】文本框，输入准备使用的播放列表名称，如"流行歌曲"，如图 4-9 所示。

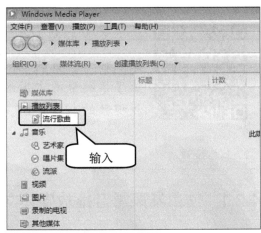

图 4-8   图 4-9

第 3 步 在【Windows Media Player】主界面中，单击并拖动准备添加的歌曲至导航窗格中的播放列表，如图 4-10 所示。

第 4 步 歌曲已经被添加到播放列表中，通过以上步骤即可完成创建播放列表的操作，如图 4-11 所示。

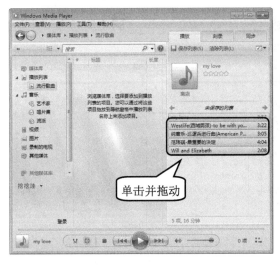

图 4-10   图 4-11

知识精讲

Windows Media Player 本身并不支持 RM 以及 RMVB 格式的视频文件，但是 Windows Media Player V8 之后的版本，可以通过安装解码器来解决这一问题。

4.2 播放视频——暴风影音

暴风影音是暴风网际公司推出的一款视频播放器，该播放器兼容大多数的视频和音频格式，高清播放画质，同时大幅降低了系统资源占用水平，本节将详细介绍使用暴风影音进行播放视频的相关知识。

↑ 扫码看视频

4.2.1 使用暴风影音播放媒体文件

使用暴风影音可以快速播放电脑中的媒体文件，下面以播放"野生动物"视频文件为例，详细介绍使用暴风影音播放媒体文件的操作方法。

第 1 步 启动【暴风影音】播放器，在主界面的播放区域中，单击【打开文件】按钮 ，如图 4-12 所示。

第 2 步 弹出【打开】对话框，**1.** 选择媒体文件所在位置，**2.** 选择准备播放的媒体文件，**3.** 单击【打开】按钮 ，如图 4-13 所示。

图 4-12

图 4-13

第 3 步 返回到播放器主界面中，可以看到当前窗口正在播放影片，这样即可完成使用暴风影音播放媒体文件的操作，如图 4-14 所示。

图 4-14

4.2.2　管理播放列表

将所有要播放的文件都添加到播放列表里面，下次直接打开播放列表就可以很方便地观看影片，下面详细介绍管理播放列表的操作方法。

第 1 步　启动【暴风影音】播放器，将鼠标指针移动到主界面的右侧，此时会显示出【打开播放列表】按钮，单击该按钮，如图 4-15 所示。

第 2 步　打开播放列表，**1.** 使用鼠标右键单击空白位置处，**2.** 在弹出的快捷菜单中选择【添加文件】菜单项，如图 4-16 所示。

图 4-15

图 4-16

第 3 步　弹出【打开】对话框，**1.** 选择准备添加的媒体文件，**2.** 单击【打开】按钮 打开(O) ，如图 4-17 所示。

第 4 步　在播放列表中即可显示刚刚添加的媒体文件。用户还可以单击右下角的【清空播放列表】按钮，清除播放列表，这样即可完成管理播放列表的操作，如图 4-18 所示。

图 4-17　　　　　　　　　　　　　　　　　　图 4-18

4.2.3　使用暴风影音视频截图

在使用暴风影音的时候，用户可以对视频中的画面进行截取，并保存在电脑中，下面详细介绍使用暴风影音截取视频画面的操作方法。

第1步　启动【暴风影音】播放器，**1.** 单击【工具箱】按钮▤，**2.** 在弹出的列表框中选择【截图】选项，如图 4-19 所示。

第2步　弹出【截图工具】对话框，**1.** 设置保存截图的路径，**2.** 输入文件名称，**3.** 单击【保存图片】按钮 保存图片 ，如图 4-20 所示。

图 4-19　　　　　　　　　　　　　　　　　　图 4-20

第3步　返回到主界面中，提示截图成功，并显示截图路径，单击该【截图路径】超链接项，如图 4-21 所示。

第4步　即可弹出截图保存文件夹，在文件夹中可以查看截取的视频图片，这样即可完成使用暴风影音截取视频画面的操作，如图 4-22 所示。

图 4-21

图 4-22

4.3　网络媒体播放——RealPlayer

RealPlayer 不仅仅支持视频播放，还可以从网页中下载视频，转换视频，并且可以同步到移动设备。还可以用它编辑视频，管理媒体文件，甚至可以分享并上传文件到社交网站。本节将详细介绍关于使用 RealPlayer 方面的知识及操作方法。

↑ 扫码看视频

4.3.1　在 RealPlayer 中播放网络视频文件

所谓网络视频，是指由网络视频服务商提供的、以流媒体为播放格式的、可以在线直播或点播的声像文件，下面详细介绍播放网络视频文件的操作方法。

第 1 步 启动【RealPlayer】播放器，**1.** 选择【影视】选项卡，**2.** 在搜索文本框中输入准备搜索的文件名称，**3.** 单击【搜索】按钮，如图 4-23 所示。

图 4-23

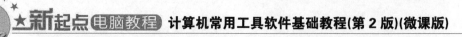

第 2 步 进入到【搜索结果】界面，单击准备观看的视频，如图 4-24 所示。

图 4-24

第 3 步 进入到该视频的详细页面，单击【播放】按钮 播放 ，如图 4-25 所示。

图 4-25

第 4 步 可以看到正在播放该网络视频，这样即可完成播放网络视频文件的操作，如图 4-26 所示。

图 4-26

4.3.2　下载视频网站上的视频

使用 RealPlayer 还可以将网络视频文件下载到电脑中，方便以后观看，下面详细介绍下载网络视频文件的操作方法。

【第 1 步】 在当前播放视频文件窗口，使用鼠标右键单击视频播放画面，在弹出的快捷菜单中选择【将视频另存为】菜单项，如图 4-27 所示。

【第 2 步】 弹出【另存为】对话框，**1.** 选择准备保存的位置，**2.** 输入准备保存视频文件的名称，**3.** 单击【保存】按钮 保存(S)，如图 4-28 所示。

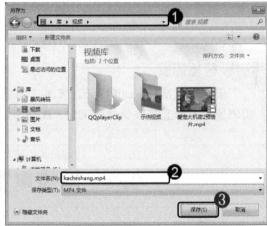

图 4-27　　　　　　　　　　　　　　　　　　图 4-28

【第 3 步】 弹出下载对话框，用户需要在线等待一段时间，如图 4-29 所示。

【第 4 步】 下完完毕后，会提示"下载完毕"信息，单击【打开文件夹】按钮 打开文件夹(F)，如图 4-30 所示。

图 4-29　　　　　　　　　　　　　　　　　　图 4-30

【第 5 步】 打开下载视频所在的文件夹，可以看到已经下载好的视频文件，这样即可完成下载视频网站上的视频，如图 4-31 所示。

图 4-31

智慧锦囊

　　若要快速启动 RealPlayer，可单击播放器窗口右上角箭头，断开媒体浏览器，再关闭浏览器或者直接按快捷键 Ctrl + B。

4.4　网络电视——PP 视频

　　　　PP 视频汇聚丰富的在线媒体资源，拥有海量影视节目、各大体育赛事版权，将点播直播一网打尽，具备强大的本地播放功能，支持数十种音视频文件的播放。本节将详细介绍有关 PP 视频网络电视的相关知识及操作方法。

↑ 扫码看视频

4.4.1　点播网络视频电影

　　PP 视频具有丰富的节目源，支持节目搜索功能，使用 PP 视频的搜索功能，可以轻松便利地观看最新电视剧、电影等，下面详细介绍使用 PP 视频网络电视点播网络视频电影的操作方法。

　　第 1 步　启动 PP 视频应用软件，在主界面的左侧单击【电影】选项，如图 4-32 所示。
　　第 2 步　进入到【电影】页面，**1.** 在【搜素】文本框中输入准备点播的电影名称，**2.** 单击【搜索】按钮🔍，如图 4-33 所示。
　　第 3 步　进入到【搜索结果】页面，在准备点播的视频电影下方，单击【立即播放】

按钮，如图 4-34 所示。

图 4-32　　　　　　　　　　　　　　　　　　　图 4-33

图 4-34

第4步　系统会弹出播放视频的小窗口，通过以上步骤即可完成点播网络视频电影的操作，如图 4-35 所示。

图 4-35

4.4.2 观看精彩赛事直播

PP 视频提供了海量的体育赛事版权，用户使用 PP 视频可以尽情观看各大体育赛事直播，下面详细介绍使用 PP 视频观看精彩赛事直播的操作方法。

第1步 启动 PP 视频应用软件，在主界面的左侧单击【赛事】选项，如图 4-36 所示。

第2步 进入到【赛事】页面，用户可以在此页面中选择个人喜欢看的赛事直播，单击【直播中】按钮，如图 4-37 所示。

图 4-36   图 4-37

第3步 进入到【播放】页面，显示该直播的相关信息，单击【播放】按钮，如图 4-38 所示。

图 4-38

第4步 系统会弹出播放直播视频的小窗口，通过以上步骤即可完成观看精彩赛事直播的操作，如图 4-39 所示。

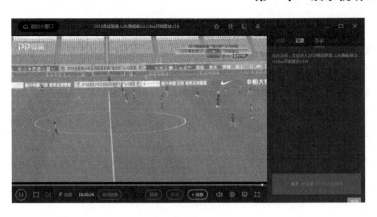

图 4-39

4.5　音频播放——酷狗音乐

酷狗音乐播放器是国内一款面世较早的音乐播放器。酷狗音乐播放器曲库丰富、用户众多，这是它的主要优势。并且酷狗音乐播放器非常富有特色的启动音效"hello，酷狗"也给很多人留下了深刻的印象，所以用户想到音乐播放软件，首先想到的是酷狗音乐。

↑ 扫码看视频

4.5.1　搜索想听的歌曲

酷狗音乐库提供的音乐资源很丰富，汇集了最新的流行音乐资讯及歌曲。酷狗音乐库中的所有音乐都是直接调用酷狗播放器进行播放，即使是最新的歌曲，也能找到并且播放时很流畅，下面详细介绍搜索歌曲并进行听歌的操作方法。

第 1 步　启动酷狗音乐软件，**1.** 在【搜索】文本框中输入准备搜索的歌曲名称，**2.** 单击【搜索】按钮，如图 4-40 所示。

图 4-40

第2步 进入到【搜索结果】页面，可以看到已经找到想要听的歌曲了，在该歌曲右侧，单击【播放】按钮▷，如图4-41所示。

第3步 可以看到已经正在播放所选择的歌曲了，并显示歌曲的歌词，这样即可完成搜索想听的歌曲的操作，如图4-42所示。

图 4-41

图 4-42

4.5.2 收听酷狗电台广播

喜欢听广播的用户，如果在外地出差或者生活，有时候想听听家乡的广播，使用广播终端设备是无法收听到的，使用酷狗音乐无须购买任何广播终端设备即可进行收听广播。下面详细介绍其操作方法。

第1步 启动酷狗音乐软件，单击界面上方的【工具】按钮，如图4-43所示。

第2步 弹出【应用工具】对话框，可以看到里面有很多待选择的辅助功能插件，如果之前没有下载的插件会显示为灰色，单击【酷狗收音机】图标，如图4-44所示。

图 4-43

图 4-44

第3步 弹出【酷狗收音机】对话框，用户在右侧可以选择想要听的电台广播频道，如图 4-45 所示。

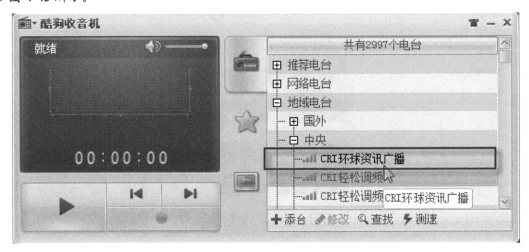

图 4-45

第4步 可以看到已经正在播放所选择的频道广播，这样即可完成收听酷狗电台广播的操作，如图 4-46 所示。

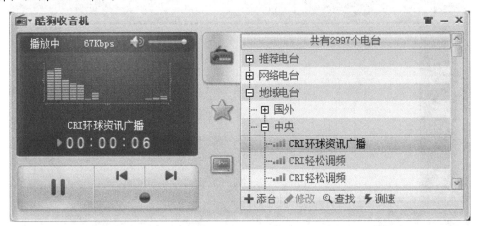

图 4-46

4.5.3　收看精彩 MV

有时候在街上，或者在一些饮品店里的电视上看到一首歌曲的 MV 觉得很好看，回到家后还想看，这时候用户即可使用酷狗音乐来收看精彩的 MV，下面详细介绍其方法。

第1步 启动酷狗音乐软件，_1._ 在主界面中选择【MV】选项卡，_2._ 选择准备观看的 MV 类别选项，这里选择【MV 电台】，_3._ 选择准备收看的 MV 查找分类，这里选择【歌手】分类，_4._ 选择准备收看的歌手 MV，如图 4-47 所示。

第2步 可以看到已经正在播放该歌手的 MV 视频，这样即可完成收看精彩 MV 的操作，如图 4-48 所示。

图 4-47

图 4-48

4.5.4 制作手机铃声

当听到一首很好听的歌曲，想把它作为手机铃声，这时用户就可以使用酷狗音乐将该歌曲制作成自己的手机铃声，下面详细介绍其操作方法。

第 1 步 启动酷狗音乐软件，单击界面上方的【工具】按钮，如图 4-49 所示。

第 2 步 弹出【应用工具】对话框，可以看到里面有很多待选择的辅助功能插件，如果之前没有下载的插件会显示为灰色，单击【铃声制作】图标，如图 4-50 所示。

图 4-49　　　　　　　　　　　　　　　　　图 4-50

第 3 步　弹出【酷狗铃声制作专家】对话框，单击【添加歌曲】按钮 [+ 添加歌曲]，如图 4-51 所示。

第 4 步　弹出【打开】对话框，*1.* 选择准备制作成铃声的歌曲，*2.* 单击【打开】按钮 [打开(O) ▼]，如图 4-52 所示。

图 4-51　　　　　　　　　　　　　　　　　图 4-52

第 5 步　返回到【酷狗铃声制作专家】对话框，可以看到已经添加了所选择的歌曲，*1.* 设置截取铃声的起点时间，*2.* 设置截取铃声的终点时间，*3.* 设置完成后用户可以单击【试听铃声】按钮 [试听铃声]，*4.* 确认铃声的截取片段后，单击【保存铃声】按钮 [保存铃声]，如图 4-53 所示。

第 6 步　弹出【另存为】对话框，*1.* 选择准备保存铃声的位置，*2.* 输入文件名称，*3.* 单击【保存】按钮 [保存(S)]，如图 4-54 所示。

第 7 步　弹出【保存铃声到本地进度】对话框，提示"正在保存铃声中"，用户需要在线等待一段时间，如图 4-55 所示。

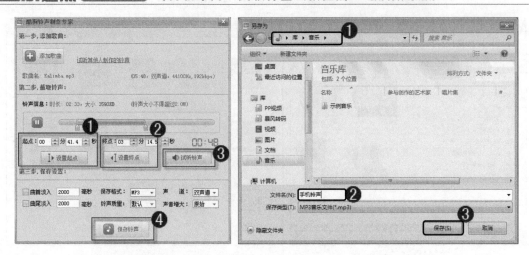

图 4-53　　　　　　　　　　　　图 4-54

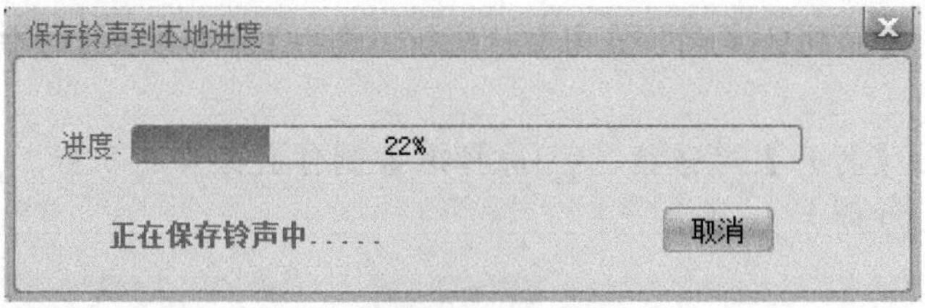

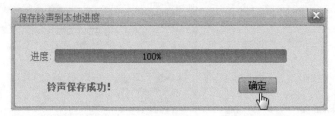

图 4-55

第 8 步 提示 "铃声保存成功" 信息，单击【确定】按钮 确定 ，如图 4-56 所示。

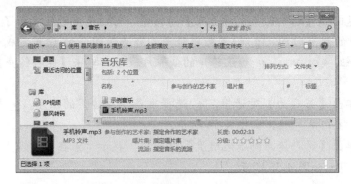

图 4-56

第 9 步 打开保存铃声所在的文件夹，可以看到已经制作好的手机铃声，这样即可完成使用酷狗音乐制作手机铃声的操作，如图 4-57 所示。

图 4-57

4.6　实践案例与上机指导

通过本章的学习，读者基本可以掌握娱乐试听工具软件的基本知识以及一些常见的操作方法，下面通过练习一些案例操作，以达到巩固学习、拓展提高的目的。

↑扫码看视频

4.6.1　使用 Windows Media Player 查看图片

使用 Windows Media Player 程序，不仅可以播放歌曲、视频，还可以查看图片，下面详细介绍使用 Windows Media Player 查看图片的操作方法。

素材保存路径： 配套素材\第 4 章
素材文件名称： 雪山.jpg

第 1 步 启动【Windows Media Player】程序，单击菜单栏中【文件】菜单，在弹出的菜单中选择【打开】菜单项，如图 4-58 所示。

第 2 步 弹出【打开】对话框，1. 选择需要查看的图片素材文件"雪山.jpg"，2. 单击【打开】按钮 打开(O)，如图 4-59 所示。

图 4-58

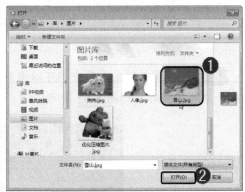

图 4-59

第 3 步 返回【Windows Media Player】主界面，可以看到图片正在播放，这样即可完成使用【Windows Media Player】查看图片的操作，如图 4-60 所示。

图 4-60

4.6.2 更换暴风影音皮肤

用户在使用暴风影音播放器的时候，如果觉得默认的皮肤不是很喜欢的话，可以更换。其实暴风影音中有很多皮肤供用户选择，下面详细介绍其操作方法。

第1步 启动暴风影音程序，*1.* 单击左下角的【工具箱】按钮，*2.* 在弹出的列表框中选择【皮肤】选项，如图 4-61 所示。

第2步 弹出【皮肤管理】对话框，*1.* 选择准备应用的皮肤，这里选择"暴风 2010"，*2.* 单击【关闭】按钮，如图 4-62 所示。

图 4-61　　　　　　　　　　　图 4-62

第3步 返回到主界面中，可以看到已经应用了所选择的皮肤，这样即可完成更换暴风影音皮肤的操作，如图 4-63 所示。

图 4-63

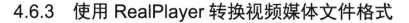

4.6.3 使用 RealPlayer 转换视频媒体文件格式

RealPlayer 拥有了一项非常适合大众的实用功能，就是视频转换，下面详细介绍转换网络视频媒体文件格式的操作方法。

第 1 步 启动【RealPlayer】播放器，*1.* 在主界面的左上角单击【RealPlayer 工具】下拉按钮，*2.* 在弹出的下拉菜单中选择【工具】菜单项，*3.* 选择【RealPlayer Converter】子菜单项，如图 4-64 所示。

第 2 步 弹出【RealPlayer Converter】对话框，单击【转换为】下面的下拉按钮，如图 4-65 所示。

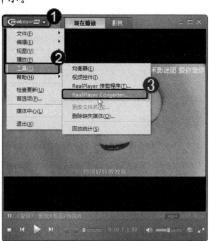

图 4-64

图 4-65

第 3 步 弹出【选择设备】对话框，*1.* 选择准备转换的媒体文件格式，*2.* 单击【确定】按钮，如图 4-66 所示。

第 4 步 返回到【RealPlayer Converter】对话框，可以看到已经设置好的相关转换信息，单击【开始】按钮，即可进行转换视频媒体文件格式，如图 4-67 所示。

图 4-66

图 4-67

4.7　思考与练习

1. 填空题

(1) Windows Media Player 是一款_____系统自带的播放器，由标题栏、播放任务栏、列表窗格和播放控制栏组成。

(2) 将所有要播放的文件都添加到_____里面，下次直接打开播放列表就可以很方便地观看影片。

(3) 所谓_____，是指由网络视频服务商提供的、以流媒体为播放格式的、可以在线直播或点播的声像文件。

2. 判断题

(1) 播放列表可以适应不同的场合，而不必一次只是欣赏一个专辑或一个艺术家的音乐，播放列表可以循环重复播放，也可以按随机次序播放。　　　　　　　　(　　)

(2) 在使用暴风影音的时候，用户可以对视频的画面进行截取，但不能保存在电脑中。

　　　　　　　　(　　)

3. 思考题

(1) 如何使用暴风影音视频截图？

(2) 如何使用酷狗音乐制作手机铃声？

新起点
电脑教程

第 5 章

语言翻译工具软件

本章要点

- 金山快译
- 金山词霸
- 有道词典
- 在线词典——百度翻译

本章主要内容

本章主要介绍金山快译和金山词霸方面的知识与使用技巧，同时还讲解了如何使用有道词典，在本章的最后还针对实际的工作需求，讲解了在线词典"百度翻译"的使用方法。通过本章的学习，读者可以掌握语言翻译工具软件方面的知识，为深入学习计算机常用工具软件知识奠定基础。

5.1 金山快译

金山快译最新版是全功能的多语言翻译工具，支持汉语、英语、日语、简繁互转等多种功能，简单易用，用户只需点击鼠标就可以直接获取翻译后的内容。金山快译最新版结合时下热词，翻译更精准。本节将详细介绍金山快译的相关知识。

↑ 扫码看视频

5.1.1 金山快译概述

金山快译是全能的汉化翻译及内码转换新平台，具有中、日、英多语言翻译引擎，以及简繁体转换功能，可以帮助用户快速解决在使用电脑时英文、日文以及简繁体转换的问题。

1．蕴含全新的专业词库

金山快译对专业词库进行全新增补修订，蕴含多领域专业词库，收录百万专业词条，实现了对英汉、汉英翻译的特别优化，使中英日专业翻译更加高效准确。

2．中日英繁聊天翻译

金山快译全新支持 QQ 等软件进行全文翻译聊天功能，帮助用户进行多语言的聊天，达到无障碍的沟通。

3．网页翻译更加快速准确

即时翻译英文、日文网站，翻译后版式不变，提供智能型词性判断，可以根据翻译的前后文给予适当的解释，并支持原文对照查看。

5.1.2 使用金山快译翻译整篇文章

金山快译是一个很好用的词典类工具，使用金山快译的高级翻译功能可以快速翻译文章等大段落信息。下面详细介绍使用金山快译翻译整篇文章的操作方法。

 素材保存路径：配套素材\第 5 章
素材文件名称：《You Have Only One Life》.txt

第 1 步 完成安装金山快译软件后，在金山快译简洁工作窗口中单击【高级】按钮 高级 ，如图 5-1 所示。

第 2 步 弹出【金山快译个人版 1.0 高级翻译】对话框，单击【打开】按钮 ，如

图 5-2 所示。

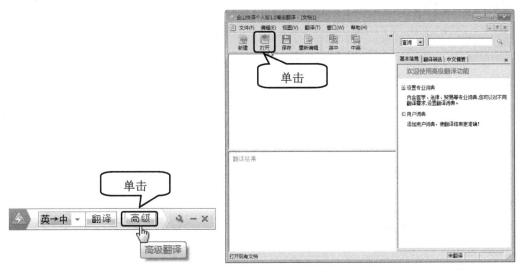

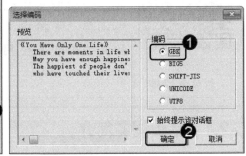

图 5-1　　　　　　　　　　　　　　　　　图 5-2

第3步　弹出【打开】对话框，**1.** 选择准备翻译的素材文本 "《You Have Only One Life》.txt"，这里注意要翻译的文章必须是 ".txt" 格式的文本，**2.** 单击【打开】按钮 打开(O)，如图 5-3 所示。

第4步　弹出【选择编码】对话框，**1.** 选择准备翻译的编码，**2.** 单击【确定】按钮 确定，如图 5-4 所示。

图 5-3　　　　　　　　　　　　　　　　　图 5-4

第5步　返回到【金山快译个人版 1.0 高级翻译】对话框，单击工具栏中的【英中】按钮，如图 5-5 所示。

第6步　此时在下方的文本框中显示翻译的结果，这样即可完成使用金山快译翻译整篇文章的操作，如图 5-6 所示。

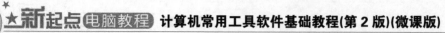

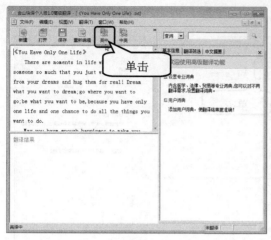

图 5-5

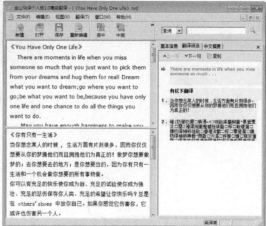

图 5-6

智慧锦囊

在【金山快译个人版 1.0 高级翻译】对话框中，使用相同的方法，单击工具栏中的【中英】按钮 ，也可以将中文文章翻译成英文。

5.2 金山词霸

金山词霸是由金山公司推出的一款词典类软件，适用于个人用户的免费翻译软件。软件包含取词、查词和查句等经典功能，并新增全文翻译、网页翻译和覆盖新词、流行词查询的网络词典；支持中、日、英三语查询。本节将详细介绍金山词霸的相关知识及使用方法。

↑ 扫码看视频

5.2.1 金山词霸简介

金山词霸是一款面向个人用户的免费词典、翻译软件，为用户提供更专业的翻译服务。金山词霸界面是非常简洁的，而且功能非常强大，支持中、英、日、韩、法、德、西班牙等七国语言翻译。金山词霸是每个学习外语的用户必不可少的神器，其主要的功能特色有以下几个方面。

1. 查词结果

金山词霸具有海量权威的数据，包括牛津词典、柯林斯高阶、英英词典等 3000 万数据。

2. 精准翻译

金山词霸完美支持中、英、德、西、法、日、韩在线互译，可以精准地进行翻译。

3. 迷你悬浮窗

金山词霸具有迷你悬浮窗，从而更加方便、轻巧、快捷。

5.2.2　词典查询

工作生活中，总会遇到需要阅读外语的情况，如何高效地阅读、查词典就是提高办公效率的关键了。金山词霸能很快地查询出生词，大大地改善阅读体验和提高工作效率。下面详细介绍词典查询的操作方法。

第1步 启动金山词霸主程序，*1.* 选择【词典】选项卡，*2.* 在文本框中输入准备查询的词语，*3.* 单击【查询】按钮，如图 5-7 所示。

第2步 进入到【查询结果】页面，可以看到该词语的基础释义和双语例句等相关信息，单击【英汉双向大词典】选项卡，如图 5-8 所示。

| 图 5-7 | 图 5-8 |

第3步 可以看到该词语的英文释义以及例句等，这样即可完成使用金山词霸进行词典查询的操作，如图 5-9 所示。

图 5-9

5.2.3 屏幕取词

金山词霸有一个迷你悬浮窗，进行一些相关设置后可以屏幕取词，从而更加方便、快捷地进行翻译，下面详细介绍屏幕取词的操作方法。

素材保存路径：配套素材\第5章
素材文件名称：金山词霸.txt

第1步 启动金山词霸程序后，在迷你悬浮窗上，*1.* 单击【设置】按钮⚙，*2.* 在弹出的下拉列表框中选择【屏幕取词】选项，如图5-10所示。

第2步 此时即可打开一个文本，例如打开本例素材文件"金山词霸.txt"，将准备进行翻译的词语选中，然后即可看到金山词霸的自动翻译结果了，如图5-11所示。

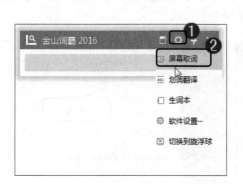

图 5-10

图 5-11

5.2.4 纠正发音

当用户在不知道一些英文单词该怎么读或不确定怎么读时，通过设置金山词霸的"查询时自动发音"功能，可以很好地纠正发音，下面详细介绍其操作方法。

第1步 启动金山词霸程序后，在迷你悬浮窗上，*1.* 单击【设置】按钮⚙，*2.* 在弹出的下拉列表框中选择【软件设置】选项，如图5-12所示。

图 5-12

第2步 弹出【设置】对话框，*1.* 选择【功能设置】选项卡，*2.* 在【功能设置】区域选择【查询时自动发音】复选框，**3.** 选择准备发音的类型，这里选择【美音】单选项，如图 5-13 所示。

第3步 此时在迷你悬浮窗中搜索准备进行发音的单词，搜索完毕后金山词霸即可自动进行该单词的发音，从而纠正用户的发音，如图 5-14 所示。

图 5-13　　　　　　　　　　　　　　图 5-14

5.2.5　背单词

金山词霸还是一款学习单词的软件，可以帮助用户很快地记住单词，是学生考级、考研、考公务员的利器，下面详细介绍使用金山词霸背单词的操作方法。

第1步 启动金山词霸主程序，**1.** 选择【背单词】选项卡，**2.** 选择准备学习的单词类型，如选择【能力提升】，如图 5-15 所示。

第2步 进入到【能力提升】页面，**1.** 选择准备学习的词汇，这里选择【新概念英语】，**2.** 选择其子选项，如图 5-16 所示。

图 5-15　　　　　　　　　　　　　　图 5-16

第3步 如果用户没有登录金山词霸账号，这时会弹出【快捷登录】对话框，如果用户已经登录了QQ，可以直接单击【QQ】按钮 🐧 QQ ，如图5-17所示。

第4步 进入到【QQ登录】页面，单击准备进行登录的QQ头像，如图5-18所示。

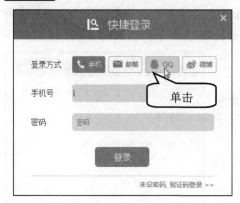

图 5-17　　　　　　　　　　　　　　　　　　　图 5-18

第5步 返回到【背单词】页面，可以看到显示登录成功，如图5-19所示。

第6步 进入到【能力提升】页面，1.再次选择准备学习的词汇，这里选择【新概念英语】，2.选择其子选项，如图5-20所示。

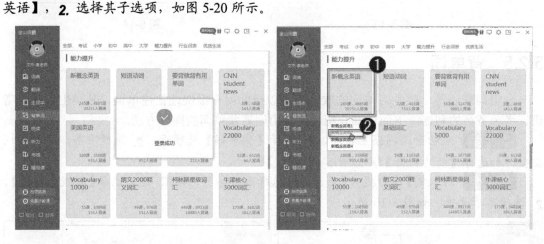

图 5-19　　　　　　　　　　　　　　　　　　　图 5-20

第7步 弹出【我们一起背单词吧！】对话框，用户即可在该页面中进行背单词了，这样即可完成使用金山词霸进行背单词的操作，如图5-21所示。

图 5-21

5.3　有 道 词 典

有道词典是一款很小很强大的翻译软件，它支持中、英、日、韩、法多种语种翻译，功能是非常强大的。有道词典轻松囊括互联网上的时尚流行热词，它的查询更快更准，可以帮助用户轻松查阅。本节将详细介绍有道词典的相关知识及使用方法。

↑ 扫码看视频

5.3.1　查询中英文单词

有道词典和金山词霸是中国网民常用的两款翻译工具，有道词典是另一款权威翻译软件，可以使用它轻松地查询中英文单词，下面详细介绍其操作方法。

第 1 步 打开有道词典程序界面，**1.** 在【查询】文本框中输入准备查询的单词，如输入 "happy"，**2.** 单击【查询】按钮 查询 ，如图 5-22 所示。

第 2 步 此时程序界面中显示出单词的含义，使用相同的方法也可以查询中文单词，这样即可完成使用有道词典查询中英文单词的操作，如图 5-23 所示。

图 5-22

图 5-23

5.3.2　整句完整翻译

使用有道词典可以为自己的日常学习和工作提供非常大的便利，它不仅仅能翻译中英文单词，还可以完成整句的翻译，下面详细介绍其操作方法。

第 1 步 打开有道词典程序界面，**1.** 选择【翻译】选项卡，**2.** 在【查询】文本框中输入准备查询的整句英文，**3.** 单击【翻译】按钮 翻译 ，如图 5-24 所示。

第2步 此时在【查询】文本框下方的文本框中显示完整的整句翻译，这样即可完成使用有道词典进行整句翻译的操作，如图 5-25 所示。

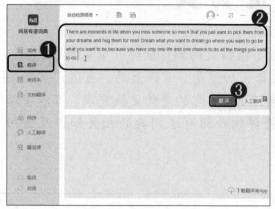
图 5-24

图 5-25

5.3.3 使用屏幕取词功能

有道词典也可以像金山词霸一样进行屏幕取词，而且操作也很简单，下面详细介绍使用有道词典进行屏幕取词的操作方法。

素材保存路径： 配套素材\第 5 章
素材文件名称：《You Have Only One Life》.txt

第1步 启动有道词典程序后，在左下角处分别选中【取词】和【划词】复选框，如图 5-26 所示。

第2步 此时即可打开一个文本，例如打开本例素材文件"《You Have Only One Life》.txt"，将准备进行翻译的词语选中，即可看到有道词典的自动翻译结果了，如图 5-27 所示。

图 5-26   图 5-27

5.3.4　使用单词本功能

使用有道词典的单词本功能可以快速学习单词，让用户的英语单词在一定程度上又进一大步。下面详细介绍使用单词本功能的操作方法。

第 1 步　使用有道词典查询出单词结果后，如果准备将该单词作为学习的单词，可以单击该单词右侧的【加入单词本】按钮☆，如图 5-28 所示。

第 2 步　在所有需要学习的单词添加完成后，**1.** 选择【单词本】选项卡，这样就能在列表中看到所有已添加的单词了，**2.** 单击列表上方的【更多功能】按钮✿，**3.** 在弹出的下拉列表框中选择【批量管理】选项，如图 5-29 所示。

图 5-28

图 5-29

第 3 步　此时可以看到在单词前面会出现复选框，**1.** 选中需要学习的单词的复选框，**2.** 单击【加入复习】按钮，如图 5-30 所示。

第 4 步　此时会提示"已成功加入复习计划"，这样这些单词就加入到单词复习计划中了，有道词典每天会定时提醒用户背单词。单击【完成】按钮，即可完成使用单词本功能的操作，如图 5-31 所示。

图 5-30

图 5-31

5.4　在线词典——百度翻译

百度翻译是百度发布的在线翻译服务，依托互联网数据资源和自然语言处理技术优势，致力于帮助用户跨越语言鸿沟，方便快捷地获取信息和服务。本节将详细介绍有关百度翻译方面的知识及使用方法。

↑ 扫码看视频

5.4.1　英文单词查询与翻译

使用百度翻译可以轻松方便地做到英汉互译，下面介绍使用百度翻译对英文单词查询与翻译的方法。

第 1 步 打开 IE 浏览器，**1.** 在地址栏中输入百度翻译的网址"https://fanyi.baidu.com"，**2.** 单击【转到】按钮 →，如图 5-32 所示。

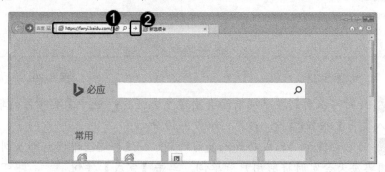

图 5-32

第 2 步 打开【百度翻译】网页窗口，**1.** 设置翻译类型为【英语】→【中文】，**2.** 在文本框中输入准备查询的单词，例如"today"，**3.** 单击【翻译】按钮 翻 译，如图 5-33 所示。

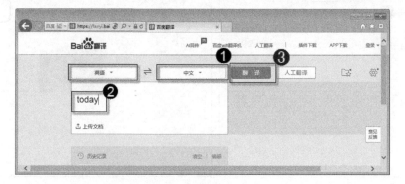

图 5-33

第3步　此时页面中会显示出该词组的含义，这样即可完成使用百度翻译进行英文单词查询与翻译的操作，如图 5-34 所示。

图 5-34

5.4.2　翻译中文短语

使用百度翻译还可以对中文单词进行翻译，下面以翻译"丈二和尚"为例，来详细介绍翻译中文短语的操作方法。

第1步　打开【百度翻译】网页窗口，**1.** 在文本框中输入准备翻译的中文，例如输入"丈二和尚"，**2.** 单击【翻译】按钮 翻　译，如图 5-35 所示。

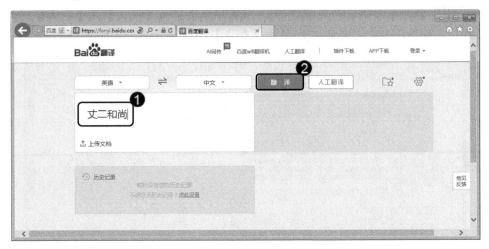

图 5-35

第2步　此时页面中会显示出该中文短语的含义，有【简明释义】和【中中释义】两大部分，这样即可完成使用百度翻译翻译中文短语的操作，如图 5-36 所示。

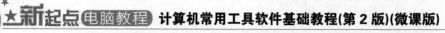

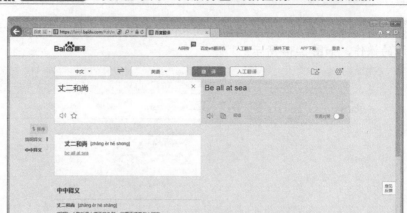

图 5-36

智慧锦囊

  在完成翻译的页面中，用户将鼠标指针移动至页面右侧的【语音】图标 ◁》 上，即可在线听到翻译的语音朗读。

5.4.3 将中文文章翻译成英文文章

  在日常工作和生活中，使用百度翻译可以很方便地将中文文章翻译成所需要的英文文章，下面详细介绍其操作方法。

  第 1 步 打开百度翻译网页窗口，**1.** 设置翻译类型为【中文】→【英语】，**2.** 在文本框中输入准备翻译的中文文章，**3.** 单击【翻译】按钮 翻 译，如图 5-37 所示。

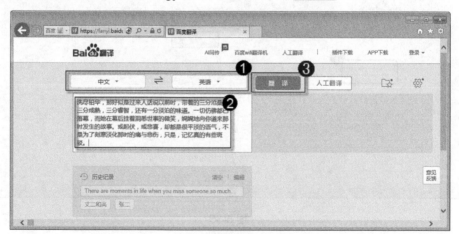

图 5-37

  第 2 步 此时页面右侧的文本框中会显示翻译完成的英文文章，并在下方显示【重点词汇】，这样即可完成将中文文章翻译成英文文章的操作，如图 5-38 所示。

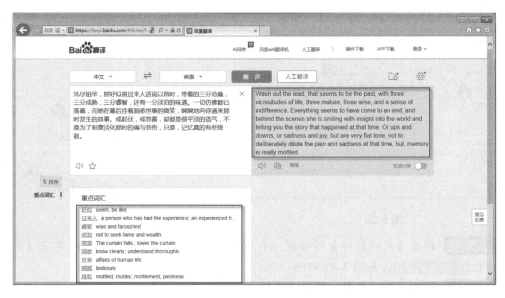

图 5-38

5.5　实践案例与上机指导

通过本章的学习，读者基本可以掌握语言翻译工具软件的基本知识以及一些常见的操作方法，下面通过练习一些案例操作，以达到巩固学习、拓展提高的目的。

↑扫码看视频

5.5.1　使用有道词典进行文档翻译

英文水平有限的用户，总是会被英文挡在门外。使用有道词典可以对整个英文文档进行翻译，这样可以对用户起到很好的辅助作用，下面详细介绍其操作方法。

 素材保存路径：配套素材\第 5 章
素材文件名称：《You Have Only One Life》.docx

第 1 步 启动有道词典应用程序，**1.** 选择【文档翻译】选项卡，**2.** 单击【选择文档】按钮 选择文档 ，如图 5-39 所示。

第 2 步 弹出【选择文档】对话框，**1.** 选择准备打开文档的位置，**2.** 选择准备进行翻译的文档，如选择本例的素材文件"《You Have Only One Life》.docx"，**3.** 单击【打开】按钮 打开(O) ，如图 5-40 所示。

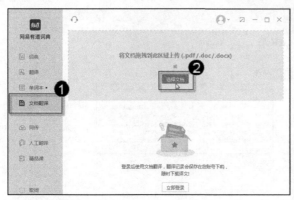
图 5-39

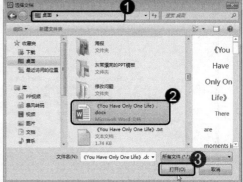
图 5-40

第3步 弹出【文档翻译】对话框，**1.** 选择准备进行翻译的方向，**2.** 单击【翻译文档】按钮 ████ 翻译文档 ████ ，如图 5-41 所示。

第4步 弹出一个对话框，提示 "已登录情况下使用文档翻译，可永久保存您的文档翻译记录，更可无限下载！"，单击【立即登录】按钮。如果不想登录，可以单击【跳过登录】按钮 ████ 跳过登录 ████ ，如图 5-42 所示。

图 5-41

图 5-42

第5步 打开【文档翻译】窗口，显示【原文】和【译文】两大板块，这样即可完成使用有道词典进行文档翻译的操作，如图 5-43 所示。

图 5-43

5.5.2　使用金山词霸生词本

用户通过电脑查询单词，有时希望能把生词记录下来，此时即可使用金山词霸的生词本功能。每一个人学单词时，单词顺序和内容都不同，因此每一个人的词典应该都是不同的。金山词霸还有导入生词本功能，可以快速导入生词。下面详细介绍使用金山词霸生词本的操作方法。

素材保存路径： 配套素材\第 5 章
素材文件名称： 生词本.txt

第 1 步 启动金山词霸应用程序，*1.* 当查看到需要保存到生词本的单词时，单击其右侧的【加入生词本】按钮，*2.* 选择准备添加到的生词本，如选择"我的生词本"，如图 5-44 所示。

第 2 步 当用户添加完生词后，想再次查看所添加的生词，*1.* 选择【生词本】选项卡，*2.* 进入到【生词本】界面，单击准备查看的生词本，如图 5-45 所示。

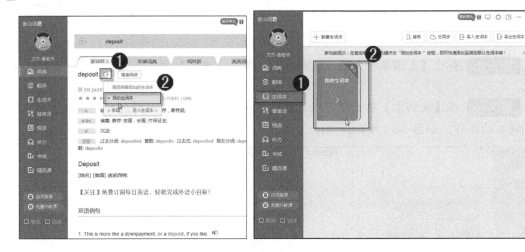

图 5-44　　　　　　　　　　　　　　　　图 5-45

第 3 步 进入到该生词本界面中，可以在此查看所保存的生词内容，如图 5-46 所示。

图 5-46

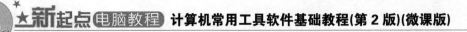

第4步 用户还可以导入自己所保存的生词本,在【生词本】界面中单击右上角的【导入生词本】按钮 ⊞导入生词本 ,如图5-47所示。

第5步 弹出【Open txt】对话框,**1.** 选择准备导入的生词本素材文件"生词本.txt",**2.** 单击【打开】按钮 打开(O) ,如图5-48所示。

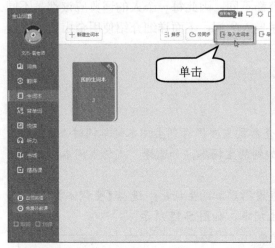

图 5-47

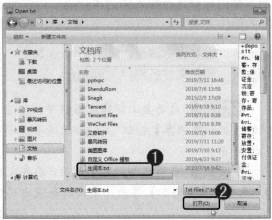

图 5-48

第6步 弹出【生词本导入成功】对话框,单击【确定】按钮 确定 ,如图5-49所示。

第7步 在【生词本】界面中可以看到已经导入的生词本,这样即可完成使用金山词霸生词本的操作,如图5-50所示。

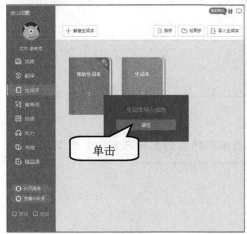

图 5-49

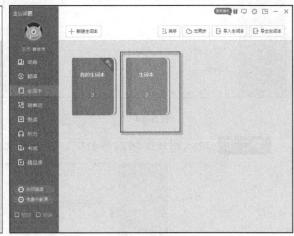

图 5-50

5.5.3 使用金山词霸打印单词卡片

学英语的用户应该会有这样的体会,经常想有目的地背一些词汇,但使用词汇书又感觉里面的内容多了一点,而且有些自己想背的词上面还没有。其实用金山词霸的生词本功能可以轻松制作一张个人的生词表，并打印出来，用不着在电脑前背得这么辛苦了，下面详细介绍其操作方法。

素材保存路径：配套素材\第 5 章
素材文件名称：词霸导出生词本.pdf

第 1 步　启动金山词霸应用程序，在【生词本】界面中，**1.** 单击右上角的【导出生词本】按钮 导出生词本，**2.** 在弹出的下拉列表框中选择准备导出的生词本，如选择【我的生词本】选项，如图 5-51 所示。

第 2 步　进入到【生词本】界面，**1.** 设置文件格式为【PDF】，**2.** 设置导出样式为【卡片样式】，**3.** 单击【导出】按钮 导出，如图 5-52 所示。

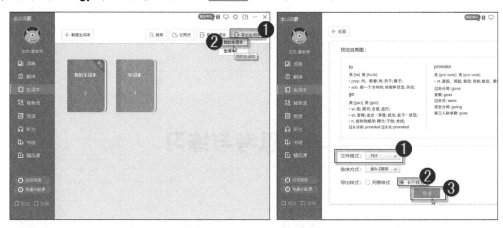

图 5-51　　　　　　　　　　　　　　　　　　图 5-52

第 3 步　弹出【导出生词本】对话框，**1.** 选择准备导出生词本的位置，**2.** 设置准备导出的生词本名称，**3.** 单击【保存】按钮 保存(S)，如图 5-53 所示。

第 4 步　弹出【生词本正在导出中，请等待】对话框，用户需要在线等待一段时间，如图 5-54 所示。

图 5-53　　　　　　　　　　　　　　　　　　图 5-54

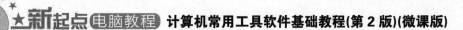

第5步 等待一段时间后会弹出【导出成功】对话框，如图5-55所示。

第6步 用户可以使用前面介绍过的福昕阅读器打开导出的PDF文档，使用该软件直接单击左上角的【打印】按钮 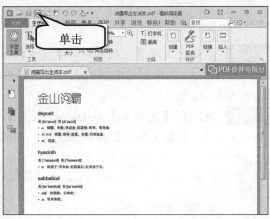，即可完成打印单词卡片的操作，如图5-56所示。

图 5-55

图 5-56

5.6　思考与练习

1. 填空题

(1) 当用户在不知道一些英文单词该怎么读或不确定怎么读时，通过设置金山词霸的"查询时自动发音"功能，可以很好地_____。

(2) 金山快译是一个很好用的词典类工具，使用金山快译的_____功能可以快速翻译文章等大段落信息。

2. 判断题

(1) 金山词霸有一个迷你悬浮窗，进行一些相关设置后可以屏幕取词，从而更加方便、快捷地进行翻译。　　　　　　　　　　　　　　　　　　　　　( )

(2) 工作生活中，总会遇到需要阅读外语的情况，如何高效地阅读、查词典就是提高办公效率的关键了。金山词霸能很快地查询出生词，大大地改善了阅读体验和提高工作效率。

( )

3. 思考题

(1) 如何使用金山词霸纠正发音？

(2) 如何使用有道词典的单词本功能？

第 6 章

网上浏览与通信

本章要点

- 📖 360 安全浏览器
- 📖 搜索引擎
- 📖 使用 Foxmail 收发电子邮件
- 📖 在线电子邮箱

本章主要内容

本章主要介绍 360 安全浏览器和搜索引擎方面的知识与使用技巧，同时还讲解如何使用 Foxmail 收发电子邮件，在本章的最后还针对实际的工作需求，讲解了使用在线电子邮箱的方法。通过本章的学习，读者可以掌握网上浏览与通信方面的知识，为深入学习计算机常用工具软件知识奠定基础。

6.1　360 安全浏览器

　　360 安全浏览器是互联网上好用和安全的新一代浏览器，和 360 安全卫士、360 杀毒软件等产品一同成为 360 安全中心的系列产品，是 360 安全中心推出的一款基于 IE 内核的浏览器。本节将详细介绍 360 安全浏览器的相关知识及使用方法。

↑ 扫码看视频

6.1.1　新建标签浏览网页

　　如果想保留当前网页而浏览其他的网页，用户可以新建标签进行浏览网页，下面详细介绍新建标签浏览网页的操作方法。

第 1 步　启动 360 安全浏览器，单击标签栏上的【新建】按钮 ，如图 6-1 所示。

第 2 步　标签栏上已新建出标签，出现空白页，这样即可完成新建标签浏览网页的操作，如图 6-2 所示。

图 6-1

图 6-2

智慧锦囊

　　在 360 安全浏览器的标签栏上使用右键单击空白处，用鼠标中键单击空白处，或双击空白处，都可以新建标签浏览网页。

6.1.2　设置网址作为首页

　　设置网址作为首页后，启动浏览器即可直接打开首页网址，这样可以节省时间，提高浏览网页效率，下面以设置百度作为首页为例，介绍设置网址作为首页的操作方法。

第 1 步 启动 360 安全浏览器，**1.** 单击【工具】菜单，**2.** 在弹出的下拉菜单中，选择【选项】菜单项，如图 6-3 所示。

第 2 步 进入【选项】界面，**1.** 选择【基本设置】选项卡，**2.** 在【启动时打开】区域单击【修改主页】按钮 修改主页 ，如图 6-4 所示。

图 6-3   图 6-4

第 3 步 弹出【主页设置】对话框，**1.** 在文本框中输入准备设置的网址，如输入 "www.baidu.com"，**2.** 单击【确定】按钮 确定 ，如图 6-5 所示。

第 4 步 返回到【选项】界面，可以看到显示"设置保存成功"信息，这样即可完成设置网址作为首页的操作，如图 6-6 所示。

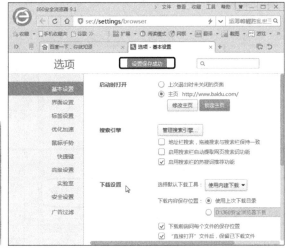

图 6-5   图 6-6

6.1.3 使用收藏夹功能

收藏夹的功能是方便用户上网的时候记录自己喜欢、常用的网站，把它们放到一个文

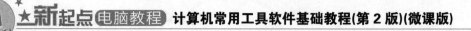

件夹里，想用的时候可以打开找到，方便浏览网页，下面详细介绍使用收藏夹功能的操作方法。

第1步 启动 360 安全浏览器，**1.** 单击菜单栏中的【收藏】菜单，**2.** 在弹出的下拉菜单中选择【整理收藏夹】菜单项，如图 6-7 所示。

第2步 进入【整理收藏夹】界面，**1.** 在该页面的空白处单击鼠标右键，**2.** 在弹出的快捷菜单中选择【添加收藏】菜单项，如图 6-8 所示。

图 6-7

图 6-8

第3步 此时即可在页面的下方显示文本框，在文本框中输入准备添加的网址和网页名称，然后按键盘上的 Enter 键，如图 6-9 所示。

第4步 通过以上步骤即可完成使用收藏夹功能的操作，如图 6-10 所示。

图 6-9

图 6-10

6.1.4 快速清理上网痕迹

默认情况下，360 安全浏览器会自动保存用户的上网记录。为了保护隐私，用户可以使

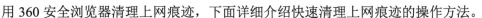

用 360 安全浏览器清理上网痕迹，下面详细介绍快速清理上网痕迹的操作方法。

第 1 步　启动 360 安全浏览器。**1.** 单击菜单栏中的【工具】菜单，**2.** 在弹出的下拉菜单中选择【清除上网痕迹】菜单项，如图 6-11 所示。

第 2 步　弹出【清除上网痕迹】对话框，**1.** 选择准备清除的时间段数据，**2.** 选择准备清除的数据类型，**3.** 单击【立即清理】按钮 立即清理 ，如图 6-12 所示。

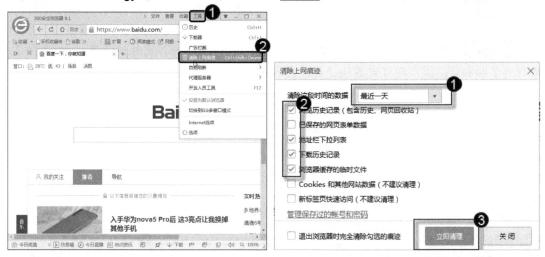

图 6-11	图 6-12

第 3 步　此时在该对话框中会显示"正在清除"信息，用户需要在线等待一段时间，如图 6-13 所示。

第 4 步　当清除完毕后，会显示"痕迹清除完毕"信息，并自动关闭【清除上网痕迹】对话框，这样即可完成快速清理上网痕迹的操作，如图 6-14 所示。

图 6-13	图 6-14

知识精讲

　　使用 360 安全浏览器，用户还可以按键盘上的 Ctrl+Shift+Delete 组合键，快速打开【清除上网痕迹】对话框，从而快速进行清除上网痕迹的操作。

6.1.5 快速保存图片

使用 360 安全浏览器浏览网页图片时，如果看到自己想要保存的图片，用户可以快速保存网页中的图片，下面详细介绍快速保存图片的操作方法。

第1步 启动 360 安全浏览器，打开准备保存网页图片的网页，单击准备保存的图片并按键盘上的 Ctrl+Alt 组合键，如图 6-15 所示。

第2步 弹出【图片快速保存】对话框，**1.** 选择准备保存图片的位置。**2.** 单击【立即保存】按钮 立即保存 ，即可完成快速保存图片的操作，如图 6-16 所示。

图 6-15   图 6-16

知识精讲

使用 360 安全浏览器，打开准备保存网页图片的网页后，将鼠标指针移动至该图片上，此时会弹出一个悬浮工具条，单击其中的【保存】按钮 ，也可以完成快速保存图片的操作。

6.1.6 翻译工具的使用

浏览网站时，有时需要把中文网页翻译成英文网页，或者把英文网页翻译成中文网页，此时用户就可以使用 360 安全浏览器的翻译工具插件，下面以将百度中文网页翻译成百度英文网页为例，介绍使用翻译工具翻译网页的操作方法。

第1步 打开百度网页，**1.** 单击工具栏中的【翻译】下拉按钮 Aa 翻译 ，**2.** 选择【翻译当前网页】选项，如图 6-17 所示。

第2步 打开【有道翻译】网页，**1.** 单击【翻译】前的下拉按钮 ，**2.** 选择【中文>>英语】选项，**3.** 单击【翻译】按钮 翻译 ，即可完成使用翻译工具，如图 6-18 所示。

图 6-17　　　　　　　　　　　　　　　　　　　图 6-18

6.2　搜　索　引　擎

　　搜索引擎是工作于互联网上的一门检索技术，它旨在提高人们获取搜集信息的速度，为人们提供更好的网络使用环境。搜索引擎是伴随互联网的发展而产生和发展的，互联网已成为人们学习、工作和生活中不可缺少的平台，几乎每个人上网都会使用搜索引擎。本节将详细介绍搜索引擎的相关知识。

↑　扫码看视频

6.2.1　搜索引擎工作原理

　　所谓搜索引擎，就是根据用户需求，使用一定算法，运用特定策略从互联网检索出指定信息反馈给用户的一门检索技术。搜索引擎依托于多种技术，如网络爬虫技术、检索排序技术、网页处理技术、大数据处理技术、自然语言处理技术等，为信息检索用户提供快速、高相关性的信息服务。搜索引擎技术的核心模块一般包括爬虫、索引、检索和排序等，同时可添加其他一系列辅助模块，以为用户创造更好的网络使用环境。

　　搜索引擎的整个工作过程可分为三个部分：一是蜘蛛在互联网上爬行和抓取网页信息，并存入原始网页数据库；二是对原始网页数据库中的信息进行提取和组织，并建立索引库；三是根据用户输入的关键词，快速找到相关文档，再对找到的结果进行排序，并将查询结果返回给用户。

6.2.2　常用搜索引擎

　　搜索，是我们生活中常用的功能，有了搜索引擎，就可以轻松地搜索歌曲、游戏、电影、软件、图片、音乐、新闻、视频，下面详细介绍一些常用的搜索引擎。

1. 百度搜索

百度搜索是全球最大的中文搜索引擎，2000年1月由李彦宏、徐勇两人创立于北京中关村，是一种致力于向人们提供"简单，可依赖"的信息获取方式。"百度"二字源于中国宋朝词人辛弃疾的《青玉案》诗句："众里寻他千百度"，象征着百度对中文信息检索技术的执着追求。

百度拥有全球最大的中文网页库，截至2010年，收录中文网页已超过200亿，这些网页的数量每天正以千万级的速度在增长；同时，百度在中国各地分布有服务器，能直接从最近的服务器上把所搜索信息返回给当地用户，使用户享受极快的搜索传输速度。百度每天处理来自138个国家超过数亿次的搜索请求，每天有超过7万用户将百度设为首页，用户通过百度搜索引擎可以搜到世界上最新最全的中文信息。2004年起，"有问题，百度一下"在中国开始风行，百度成为搜索的代名词。

2. 搜狗搜索

搜狗搜索是搜狐公司于2004年8月3日推出的全球首个第三代互动式中文搜索引擎，支持微信公众号和文章搜索、知乎搜索、英文搜索及翻译等，通过自主研发的人工智能算法，为用户提供专业、精准、便捷的搜索服务。

搜狗的其他搜索产品各有特色。音乐搜索小于2%的死链率，图片搜索独特的组图浏览功能，新闻搜索及时反映互联网热点事件的看热闹首页，地图搜索的全国无缝漫游功能，使得搜狗的搜索产品线极大地满足了用户的日常需求，体现了搜狗的研发。其搜索引擎网站网址为"www.sogou.com"。

3. 360搜索

360搜索，属于元搜索引擎，是搜索引擎的一种，是通过一个统一的用户界面帮助用户在多个搜索引擎中选择和利用合适的(甚至是同时利用若干个)搜索引擎来实现检索操作，是对分布于网络的多种检索工具的全局控制机制。而360搜索+，属于全文搜索引擎，是奇虎360公司开发的基于机器学习技术的第三代搜索引擎，具备"自学习、自进化"能力，能发现用户最需要的搜索结果。其搜索网站网址为"www.so.com"。

4. 有道搜索

作为网易自主研发的全新中文搜索引擎，有道搜索致力于为互联网用户提供更快更好的中文搜索服务。它于2006年年底推出测试版，2007年12月11日推出正式版。

有道提供的搜索服务有网页搜索、图片搜索、视频搜索、词典搜索、热闻(新闻)搜索，其中除词典搜索外，其他搜索项目由360搜索提供技术支持服务。原有的有道购物搜索已与网易返现合并为惠惠网。其搜索网站网址为"www.youdao.com"。

5. 必应搜索(Bing 搜索)

必应搜索是一款微软公司推出的用以取代Live Search的搜索引擎。微软Bing搜索是国际领先的搜索引擎，为中国用户提供网页、图片、视频、学术、词典、翻译、地图等全球信息搜索服务。其搜索网站网址为"cn.bing.com"。

6.2.3 使用百度搜索引擎

百度搜索引擎将各种资料信息进行整合处理，当用户需要哪方面的资料时，在百度搜索引擎中输入资料主要信息即可找到需要的资料，下面详细介绍搜索资料信息的操作方法。

第 1 步 打开百度网页，**1.** 在【搜索】文本框中输入准备搜索的信息内容，如输入"优酷网" **2.** 单击【百度一下】按钮 百度一下 ，如图 6-19 所示。

第 2 步 在弹出的网页窗口中，显示着百度所检索出的信息，单击【优酷网】超链接，如图 6-20 所示。

图 6-19

图 6-20

第 3 步 完成以上步骤即可搜索网络信息，此时弹出搜索的优酷网网站主页，如图 6-21 所示。

第 4 步 返回到百度网页，**1.** 将鼠标指针移至窗口右侧的【更多产品】按钮，**2.** 在弹出的下拉菜单中单击【图片】按钮图，如图 6-22 所示。

图 6-21

图 6-22

第 5 步 进入百度图片网页窗口，在【搜索】文本框中输入信息，然后按键盘上的

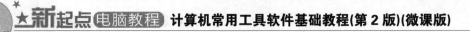

【Enter】键，即可搜索图片，如图6-23所示。

第6步 返回到百度网页，*1.* 将鼠标指针移至窗口右侧的【更多产品】按钮，*2.* 在弹出的下拉菜单中单击【全部产品】超链接项，如图6-24所示。

图 6-23   图 6-24

第7步 进入百度所有产品网页窗口，在【社区服务】区域中单击【百科】超链接，如图6-25所示。

第8步 进入百度百科网页，*1.* 在文本框中输入准备查询的百科信息，*2.* 然后单击【进入词条】按钮 进入词条 ，即可完成利用百度百科搜索信息的操作，如图6-26所示。

图 6-25   图 6-26

第9步 进入百度所有产品网页窗口，在【搜索服务】区域中单击【地图】超链接，如图6-27所示。

第10步 进入百度地图页面，*1.* 在文本框中输入准备查询的地理名称，*2.* 单击【搜索】按钮 ，即可完成使用百度搜索引擎搜索地图的操作，如图6-28所示。

图 6-27

图 6-28

 知识精讲

　　在【百度地图】页面，单击【搜索】按钮 🔍 之后会先弹出一个模糊的搜索结果列表，在结果列表找到确定要查询的信息，然后会自动定位到用户选择的地点。如果想要查看地图实景的话，可以单击右下角的【全景】，即可看到实时的街道信息。

6.3　使用 Foxmail 收发电子邮件

　　Foxmail 是一款基于 Internet 规范、专业好用的电子邮件客户端管理软件，是中国最著名的软件产品之一，使用 Foxmail 可以创建用户账户、发送电子邮件、接收电子邮件、删除电子邮件，还可以使用邮件地址簿等多种邮件必备功能。本节将详细介绍使用 Foxmail 收发电子邮件的相关知识及操作方法。

↑　扫码看视频

6.3.1　创建用户账户

　　在 Foxmail 安装完毕后，第一次运行时，系统会自动启动向导程序，引导用户添加第一个邮件账户，下面详细介绍创建用户账户的操作方法。

　　第 1 步　运行 Foxmail 软件，弹出【Foxmail】对话框，并会提示"正在检测您电脑上已有的邮箱数据"信息，用户需要在线等待一段时间，如图 6-29 所示。

　　第 2 步　进入【新建账号】界面，选择准备新建的账号邮箱，如单击【QQ 邮箱】，如图 6-30 所示。

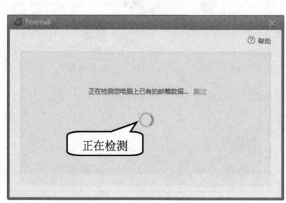

图 6-29

图 6-30

第 3 步 进入【QQ 邮箱】界面，用户可以在此界面中填写准备创建的账户邮箱地址和授权码进行用户账户设置，或者单击左下角的【手动设置】按钮 手动设置 进行手动设置，如图 6-31 所示。注意：这里需要提示用户，"授权码"并非是用户的邮箱密码，而是开启"POP3/IMAP/SMTP/Exchange/CardDAV/CalDAV 服务"的时候所生成的授权码。

第 4 步 进入到【手动设置邮件服务器】界面，*1.* 在【接收服务器类型】下拉列表选择准备使用的服务器，*2.* 在【邮件账号】文本框中输入准备使用的邮箱账号，*3.* 在【密码】文本框中输入账户密码，*4.* 设置 POP 和 SMTP 服务器，*5.* 单击【创建】按钮 创建 ，如图 6-32 所示。

图 6-31

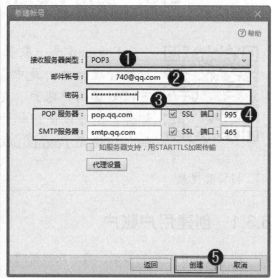

图 6-32

第 5 步 进入到【设置成功】界面，单击【完成】按钮 完成 ，如图 6-33 所示。

第6步　系统会自动登录并弹出【Foxmail】程序，可以看到刚刚创建的账号，这样即完成创建用户账号的操作，如图 6-34 所示。

图 6-33　　　　　　　　　　　　　　　　　图 6-34

　智慧锦囊

> 获得 QQ 邮箱授权码的方法：打开并登录 QQ 邮箱，单击最上方的【设置】超链接项，进入到【邮箱设置】界面，选择【账户】选项卡，然后找到【POP3/IMAP/SMTP/Exchange/CardDAV/CalDAV 服务】，最后单击下方温馨提示中的【生成授权码】，验证密保后，即可获取授权码。

6.3.2　发送电子邮件

使用 Foxmail 可以很方便地撰写和发送电子邮件，下面以发送主题为"生日祝福"为例，来详细介绍发送电子邮件的操作方法。

第1步　启动并登录 Foxmail 邮件客户端，1. 选择准备发送电子邮件的邮箱，2. 单击工具栏中的【写邮件】按钮 写邮件，如图 6-35 所示。

第2步　弹出【写邮件】窗口，1. 在【收件人】文本框中输入邮件接收人的邮箱地址，如果需要把邮件同时发给多个收件人，可以用英文逗号（","）分隔多个邮箱地址。2. 在【主题】文本框中输入邮件的主题，如"生日祝福"。3. 在【编辑信件】文本框中输入邮件的主要内容。4. 单击工具栏中的【发送】按钮 发送，这样即可完成发送电子邮件的操作，如图 6-36 所示。

　智慧锦囊

> 使用 Foxmail 撰写电子邮件时，在【抄送】文本框中，填写其他联系人的邮箱地址，邮件将抄送给这些联系人，邮件的主题可以让收信人大致了解邮件的内容。

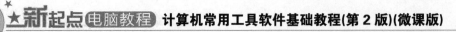

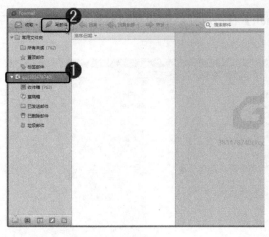

图 6-35

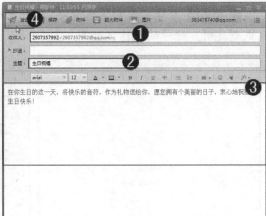

图 6-36

6.3.3 接收电子邮件

如果在建立邮箱账户过程中填写的信息准确无误，接收电子邮件是非常简单的，下面具体介绍接收电子邮件的操作方法。

第 1 步 启动并登录 Foxmail 邮件客户端，**1.** 单击邮箱账户的折叠按钮▼，**2.** 单击【收件箱】选项，**3.** 双击【收件箱】中的邮件标题，如图 6-37 所示。

第 2 步 弹出单独的阅读窗口来显示接收到的邮件内容，这样即可接收电子邮件，如图 6-38 所示。

图 6-37

图 6-38

接收到的电子邮件

6.3.4 删除电子邮件

如果接收到的电子邮件太多，且杂乱无章，那么可以将无用的电子邮件进行删除，下面具体介绍删除电子邮件的操作方法。

第 1 步 启动并登录 Foxmail 邮件客户端，**1.** 单击邮箱账户的折叠按钮▼，**2.** 单击【收件箱】选项，**3.** 选中准备删除的邮件标题，并使用鼠标右键单击，**4.** 在弹出的快捷菜单中选择【删除】菜单项，如图 6-39 所示。

第 2 步 可以看到【收件箱】中的邮件已被删除，这样即可完成删除电子邮件的操作，如图 6-40 所示。

图 6-39　　　　　　　　　　　　　　　　图 6-40

6.4　在线电子邮箱

　　　　　用户不仅可以使用 Foxmail 这类软件进行收发电子邮件的操作，还可以直接使用在线电子邮箱，如 126 免费电子邮箱等。本节将以 126 免费电子邮箱为例，详细介绍使用在线电子邮箱的相关知识及使用方法。

↑ 扫码看视频

6.4.1　登录 126 邮箱

　　126 邮箱是网易公司于 2001 年 11 月推出的免费电子邮箱，是网易公司倾力打造的专业电子邮局。126 免费邮箱拥有 3GB 超大存储空间，支持 2GB 附件，采用了创新 Ajax 技术，同等网络环境下，页面响应时间最高减少 90%，垃圾邮件及病毒有效拦截率超过 98% 和 99.8%。如果准备使用 126 邮箱，那么首先应登录 126 邮箱，下面详细介绍登录 126 邮箱的操作方法。

　　第 1 步 输入网址 "mail.126.com"，打开【126 网易免费邮】网页，在登录界面中，单击【密码登录】超链接项，如图 6-41 所示。

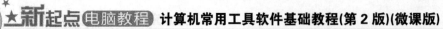

图 6-41

第2步 进入到【邮箱账号登录】页面，*1.* 输入邮箱账号，*2.* 输入邮箱密码，*3.* 单击【登录】按钮 █████，如图 6-42 所示。

图 6-42

第3步 进入到【126 网易免费邮】页面，显示登录后的页面，这样即可完成登录 126 邮箱的操作，如图 6-43 所示。

 智慧锦囊

　　在登录界面中，如果用户没有 126 邮箱的账号，可以直接单击【注册新账号】超链接项，注册一个新的账号；用户还可以单击右上方的【小电脑】图标，进入到【账号密码】登录界面；如果用户手机里有【网易邮箱大师】App，可以直接打开该应用软件，扫一扫进行登录。

图 6-43

6.4.2　接收和发送电子邮件

登录了 126 邮箱后，用户就可以使用它来接收和发送电子邮件了，下面详细介绍其操作方法。

第 1 步　登录 126 邮箱后，在【首页】页面单击【收信】按钮 收信，如图 6-44 所示。

图 6-44

第 2 步　进入到【收件箱】页面，选择准备查看的电子邮件标题，如图 6-45 所示。

第 3 步　进入到该邮件的详细内容页面，这样即可完成接收电子邮件的操作，如图 6-46 所示。

第 4 步　返回到【首页】页面，单击【写信】按钮 写信，如图 6-47 所示。

第 5 步　返回到【发送电子邮件】页面，**1.** 在【收件人】文本框中输入邮件接收人的邮箱地址，或直接单击右侧的联系人。**2.** 在【主题】文本框中输入邮件的主题，如"生日快乐"。**3.** 在【编辑信件】文本框中输入邮件的主要内容。**4.** 单击左上角的【发送】按钮 发送，如图 6-48 所示。

图 6-45

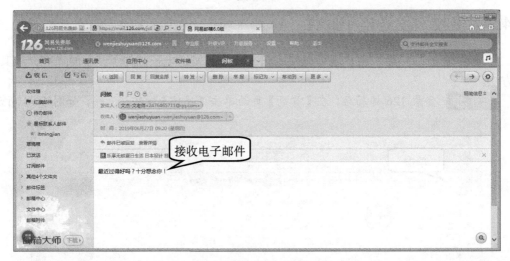

图 6-46

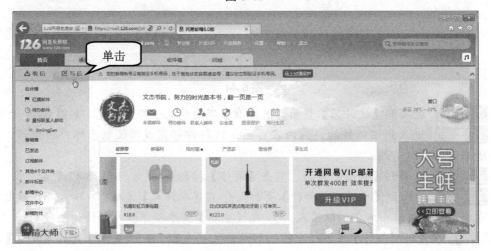

图 6-47

第 6 步　进入到【发送成功】页面，这样即可完成发送电子邮件的操作，如图 6-49 所示。

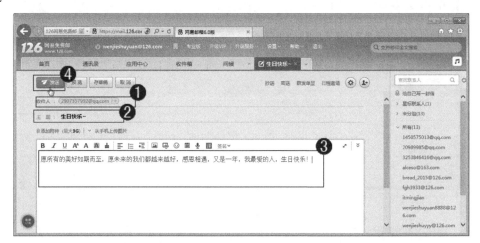

图 6-48

图 6-49

6.4.3　发送附件

在给好友发送一些文件的时候，为了保险起见，可以给好友单独发送邮箱附件文件，以保证邮件不因为没有接收而过期，下面详细介绍发送附件的操作方法。

第 1 步　进入到【发送电子邮件】页面，*1.* 在【收件人】文本框中输入邮件接收人的邮箱地址，或直接单击右侧的联系人。*2.* 在【主题】文本框中输入邮件的主题，如"照片"。*3.* 单击【添加附件】按钮 @添加附件，如图 6-50 所示。

第 2 步　弹出【选择要加载的文件】对话框，*1.* 选择准备添加的附件文件。*2.* 单击【打开】按钮 打开(O)，如图 6-51 所示。

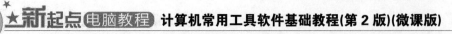

★新起点 电脑教程 计算机常用工具软件基础教程(第2版)(微课版)

图 6-50

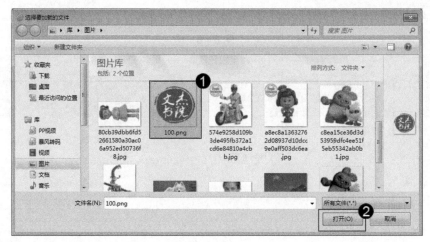

图 6-51

第3步 返回到【发送电子邮件】页面，可以看到已经上传完成的附件文件，单击左上角的【发送】按钮 ✈发送，如图 6-52 所示。

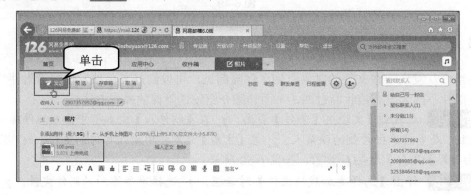

图 6-52

第4步 进入到【发送成功】页面，这样即可完成发送附件的操作，如图 6-53 所示。

图 6-53

6.5　实践案例与上机指导

通过本章的学习，读者基本可以掌握网上浏览与通信的基本知识以及一些常见的操作方法，下面通过练习一些案例操作，以达到巩固学习、拓展提高的目的。

↑扫码看视频

6.5.1　使用 360 安全浏览器截图工具

使用 360 安全浏览器浏览网页时，如果准备将网页中的图片、文字、数字等数据以图片的形式保存，用户可以使用截图工具来完成，下面详细介绍使用截图工具的操作方法。

素材保存路径：配套素材\第 6 章
素材文件名称：360 截图.jpg

第 1 步　启动 360 安全浏览器，打开准备截图的网页。**1.** 单击工具栏中的【截图】下拉按钮 截图，**2.** 选择【指定区域截图】选项，如图 6-54 所示。

第 2 步　鼠标指针变为 形状，单击并拖动鼠标不放，根据个人需要选择截图区域，如图 6-55 所示。

图 6-54 　　　　　　　　　　　　　　　　　图 6-55

第3步 释放鼠标，在所选择的截图区域下方出现一排按钮，单击【保存选中区域】按钮 🖫，如图 6-56 所示。

第4步 弹出【另存为】对话框。**1.** 选择准备保存截图的位置。**2.** 在【文件名】文本框中输入截图名称。**3.** 单击【保存】按钮 保存(S)，这样即可完成使用 360 安全浏览器截图工具截取图片的操作，如图 6-57 所示。

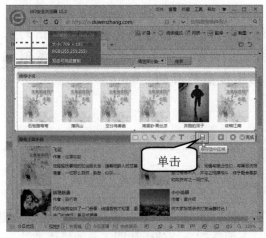 

图 6-56 　　　　　　　　　　　　　　　　　图 6-57

6.5.2 在 Foxmail 中为邮箱账户加密

在 Foxmail 添加完邮箱账户后，为了保护邮箱账户的安全，可以在 Foxmail 中为邮箱账号加密，下面详细介绍在 Foxmail 中为邮箱账户加密的操作方法。

第1步 启动并登录 Foxmail 邮件客户端。**1.** 右键单击准备加密的邮件账号。**2.** 在弹出的快捷菜单中，选择【账户访问口令】菜单项，如图 6-58 所示。

第2步 弹出【设置访问口令】对话框。**1.** 在【口令】文本框中输入口令密码。**2.** 在【确认】文本框中输入相同的口令密码。**3.** 单击【确定】按钮 确定，如图 6-59 所示。

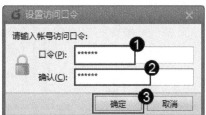

图 6-58   图 6-59

第 3 步 返回到【Foxmail】软件主界面，可以看到邮箱账号前出现一个"小锁头"的标识，如图 6-60 所示。

第 4 步 当该邮箱再次使用时，系统会自动弹出【账号】对话框，提示输入"口令"，这样即完成了为邮箱账号加密的操作，如图 6-61 所示。

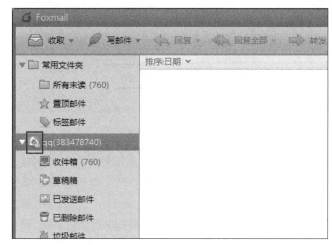

图 6-60   图 6-61

6.5.3 删除 Foxmail 用户账号

在使用 Foxmail 软件的时候，如果打算不再使用某个邮箱账号，可以将该账号删除，下面详细介绍删除 Foxmail 用户账号操作方法。

第 1 步 打开【Foxmail】软件并登录。*1.* 单击工具栏中【菜单】按钮 ，*2.* 在弹出的下拉菜单中，选择【账号管理】菜单项，如图 6-62 所示。

第 2 步 弹出【系统设置】对话框。*1.* 在【账号】区域中，选择准备删除的邮件账号。*2.* 单击【删除】按钮 删除 ，如图 6-63 所示。

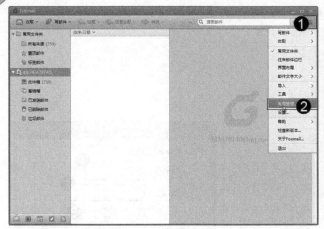

图 6-62   图 6-63

【第3步】 弹出【信息】对话框，提示"您是否要删除账号"，单击【是】按钮 是(Y)，如图 6-64 所示。

【第4步】 再次弹出【信息】对话框，提示"账号中的本地邮件备份将被永久删除(服务器上的邮件不会受到影响)"信息，单击【是】按钮 是(Y)，如图 6-65 所示。

图 6-64   图 6-65

【第5步】 返回到【系统设置】对话框，单击【确定】按钮 确定，如图 6-66 所示。

【第6步】 返回到【Foxmail】软件主界面，可以看到选中的邮件账户已经被删除，这样即完成了删除 Foxmail 用户账号的操作，如图 6-67 所示。

图 6-66   图 6-67

6.5.4　使用 360 安全浏览器的阅读模式

在使用电脑浏览器浏览信息时，网站页面往往会被各种各样的广告信息及图片充斥。这在很大程度上影响到了用户的阅读。使用 360 安全浏览器的阅读模式，可以有效地除去广告信息，使浏览新闻更清爽。下面详细介绍其操作方法。

第 1 步　启动 360 安全浏览器，打开准备作为阅读模式的网页，单击工具栏中的【阅读模式】按钮 ⓘ 阅读模式 ，如图 6-68 所示。

第 2 步　弹出【阅读模式】对话框。用户可以直接单击【添加当前网站】按钮 添加当前网站 ，将当前打开的网页作为阅读模式网页，如图 6-69 所示。

图 6-68　　　　　　　　　　　　　　　　图 6-69

第 3 步　此时随便进入该网站的一个文章页面，即可直接进入到【阅读模式】。用户可以单击【退出阅读模式】按钮 ✕ ，退出该网页的阅读模式，如图 6-70 所示。

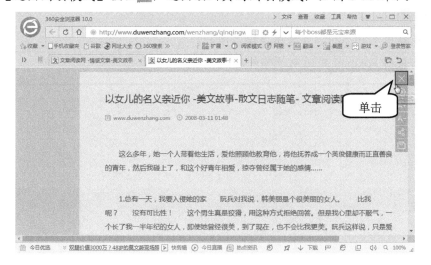

图 6-70

6.6　思考与练习

1. 填空题

(1) 如果想保留当前网页而浏览其他的网页，用户可以_____进行浏览网页。

(2) _____的功能是方便用户上网的时候记录自己喜欢、常用的网站，把它们放到一个文件夹里，想用的时候可以打开找到，方便浏览网页。

(3) 默认情况下，360 安全浏览器会自动保存用户的上网记录，为了保护隐私，用户可以使用 360 安全浏览器_____。

(4) 所谓_____，就是根据用户需求，使用一定算法，运用特定策略从互联网检索出指定信息反馈给用户的一门检索技术。

2. 判断题

(1) 设置网址作为首页后，启动浏览器即可直接打开首页网址，这样可以节省时间，提高浏览网页效率。　　　　　　　　　　　　　　　　　　　　　　　　　　（　　）

(2) 搜索引擎依托于多种技术，如网络爬虫技术、检索排序技术、网页处理技术、大数据处理技术、自然语言处理技术等，为信息检索用户提供快速、高相关性的信息服务。

（　　）

(3) 搜索引擎技术的核心模块一般包括爬虫、索引、检索和处理等，同时可添加其他一系列辅助模块，以为用户创造更好的网络使用环境。　　　　　　　　　　　　（　　）

(4) 搜索引擎的整个工作过程可分为三个部分：一是蜘蛛在互联网上爬行和抓取网页信息，并存入原始网页数据库；二是对原始网页数据库中的信息进行提取和组织，并建立索引库；三是根据用户输入的关键词，快速找到相关文档，再对找到的结果进行排序，并将查询结果返回给用户。　　　　　　　　　　　　　　　　　　　　　　　　（　　）

3. 思考题

(1) 如何使用 360 安全浏览器快速保存图片？

(2) 如何使用 Foxmail 发送电子邮件？

第 7 章

即时聊天软件

本章主要内容

本章主要介绍腾讯 QQ 方面的知识与技巧，同时还讲解了如何使用 YY 语音视频聊天室，在本章的最后还针对实际的工作需求，讲解了一些其他的常见聊天软件的相关使用方法。通过本章的学习，读者可以掌握即时聊天软件方面的知识，为深入学习计算机常用工具软件知识奠定基础。

7.1　腾 讯 QQ

　　QQ 是目前使用最广泛的聊天软件之一。QQ 是一款基于 Internet 的即时通信软件，支持在线文字聊天、语音聊天、视频聊天，并可以对其进行设置个人信息、创建好友组、设置在线状态和加入 QQ 群、自定义面板等多种功能，本节将详细介绍腾讯 QQ 的相关知识及使用方法。

↑ 扫码看视频

7.1.1　添加 QQ 好友

　　通过 QQ 聊天软件可以与远在千里外的亲朋好友进行聊天，但进行聊天前，需要将亲朋好友添加为自己的 QQ 好友，下面具体介绍添加 QQ 好友的操作方法。

　　第 1 步　登录 QQ 聊天软件后，在【腾讯 QQ】程序窗口下方，单击【加好友】按钮 ，如图 7-1 所示。

　　第 2 步　弹出【查找】对话框，**1.** 选择【找人】选项卡，**2.** 在【账号】文本框中，输入好友的 QQ 号码，**3.** 单击【查找】按钮 ，如图 7-2 所示。

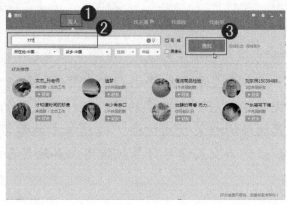

图 7-1　　　　　　　　　　　　　　　　　　图 7-2

　　第 3 步　进入到搜索结果界面，显示搜索出的 QQ 账号结果，单击【+好友】按钮 ，如图 7-3 所示。

　　第 4 步　弹出【添加好友】对话框，**1.** 在【请输入验证信息】文本框中，输入给对方的验证信息，**2.** 单击【下一步】按钮 ，如图 7-4 所示。

图 7-3　　　　　　　　　　　　　　　　　图 7-4

第 5 步　进入下一界面，*1.* 在【备注姓名】文本框中输入添加的 QQ 好友备注名称，*2.* 在【分组】下拉列表框中选择准备进行的分组选项，*3.* 单击【下一步】按钮 下一步 ，如图 7-5 所示。

第 6 步　进入下一界面，提示"你的好友添加请求已经发送成功，正在等待对方确认"信息，单击【完成】按钮 完成 ，如图 7-6 所示。

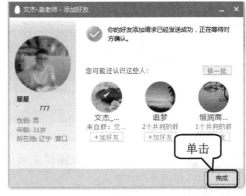

图 7-5　　　　　　　　　　　　　　　　　图 7-6

第 7 步　当对方确认添加完毕后，即可看到好友的 QQ 已被添加成 QQ 好友，好友的 QQ 头像显示在个人 QQ 列表中，这样即可完成添加 QQ 好友的操作，如图 7-7 所示。

图 7-7

新起点电脑教程 计算机常用工具软件基础教程(第2版)(微课版)

7.1.2　在线聊天

添加亲朋好友为个人的 QQ 好友后，即可使用 QQ 聊天软件与亲友进行在线聊天，QQ 软件的聊天形式就好像手机发短信一样，下面具体介绍在线聊天的操作方法。

第1步 登录 QQ 聊天软件，进入【腾讯 QQ】程序窗口，在好友列表中双击准备进行聊天的 QQ 好友头像，如图 7-8 所示。

第2步 弹出与好友的对话窗口，在窗口下方的文本框中，输入与好友的聊天内容，如图 7-9 所示。

图 7-8

图 7-9

第3步 与好友的聊天内容编辑完成后，单击窗口下方的【发送】按钮 ，发送给对方信息，如图 7-10 所示。

第4步 这样即可使用 QQ 聊天软件与好友进行在线聊天，与好友的聊天内容显示在聊天区域中，如图 7-11 所示。

图 7-10

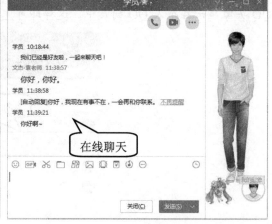

图 7-11

7.1.3　设置个人信息

使用【腾讯 QQ】聊天软件，可以修改个人头像和基本资料等个人信息，让 QQ 好友更加方便地认识和联系用户，下面详细介绍设置个人信息的相关操作方法。

1. 更换头像

使用【腾讯 QQ】聊天软件，用户可以进行个性化设置头像，从而使用户的个人 QQ 与众不同，下面详细介绍更换头像的操作方法。

第 1 步　启动并登录【腾讯 QQ】聊天软件，单击程序窗口左上角的个人 QQ 头像，如图 7-12 所示。

第 2 步　弹出【我的资料】对话框，单击正在使用的头像按钮，如图 7-13 所示。

图 7-12　　　　　　　　　　　　　　　　图 7-13

第 3 步　弹出【更换头像】对话框，**1.** 选择准备更换头像的方式，这里单击【挑选推荐头像】按钮 挑选推荐头像 ，**2.** 单击【确定】按钮 确定 ，如图 7-14 所示。

第 4 步　弹出【推荐头像】对话框，**1.** 选择【经典头像】选项卡，**2.** 选择准备应用的头像，**3.** 单击【确定】按钮 确定 ，如图 7-15 所示。

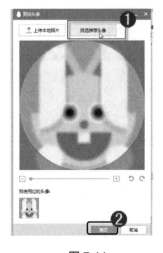
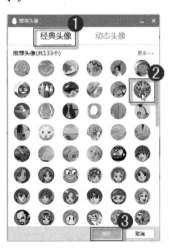

图 7-14　　　　　　　　　　　　　　　　图 7-15

第5步 返回到【更换头像】对话框,显示刚刚应用的头像,单击【确定】按钮 确定 ,如图 7-16 所示。

第6步 在 QQ 主程序窗口中的头像已被更换,这样即可完成更换头像的操作,如图 7-17 所示。

图 7-16

图 7-17

2. 设置资料

在【腾讯 QQ】聊天软件中可以设置更加丰富的个人资料,使用户的 QQ 好友能更加方便地了解用户的具体信息,下面详细介绍设置资料的操作方法。

第1步 启动并登录【腾讯 QQ】聊天软件,单击程序窗口左上角的个人 QQ 头像,如图 7-18 所示。

第2步 弹出【我的资料】对话框,单击右上角处的【编辑资料】超链接,如图 7-19 所示。

图 7-18

图 7-19

第3步 弹出【编辑资料】对话框。*1.* 详细填写个人的所有资料,*2.* 单击【保存】按钮 保存 ,如图 7-20 所示。

第4步 返回到【我的资料】对话框,单击【更多资料】按钮 更多资料▼ ,即可查看到刚刚设置的详细资料内容,这样即可完成设置资料的操作,如图 7-21 所示。

图 7-20 　　　　　　　　　　　　　　　　图 7-21

知识精讲

在【我的资料】对话框中，当用户查看完个人的详细资料后，可以单击【收起资料】按钮 收起资料▲ ，折叠起个人的详细资料。

7.1.4　创建好友组

在使用【腾讯 QQ】聊天软件时，如果用户的 QQ 好友组不能满足需求或准备新建其他好友组，那么可以创建好友组，下面以创建"合作伙伴"好友组为例，介绍创建好友组的操作方法。

第 1 步　启动并登录【腾讯 QQ】聊天软件，**1.** 选择【联系人】选项卡，**2.** 在空白区域中单击鼠标右键，**3.** 选择【添加分组】快捷菜单项，如图 7-22 所示。

第 2 步　自动出现一个文本框，在其中填写创建好友组的名称，如"合作伙伴"，按键盘上的 Enter 键，即可完成创建好友组的操作，如图 7-23 所示。

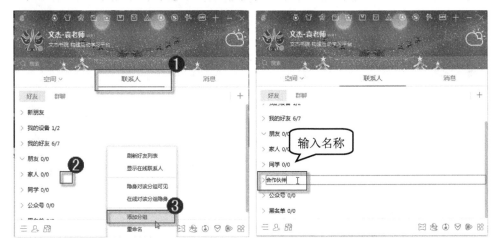

图 7-22 　　　　　　　　　　　　　　　　图 7-23

7.1.5 设置在线状态

登录【腾讯QQ】聊天软件后，用户可以设置个人QQ的在线状态，下面以设置状态为"忙碌"为例，介绍设置在线状态的操作方法。

第1步 启动并登录【腾讯QQ】聊天软件，**1.** 单击头像右下角处的【在线状态菜单】按钮，**2.** 选择准备使用的在线状态，如"忙碌"选项，如图7-24所示。

第2步 已更改为"忙碌"状态，这样即可完成设置在线状态的操作，如图7-25所示。

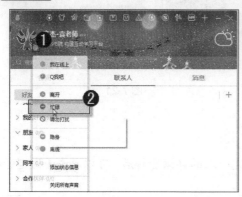

图 7-24

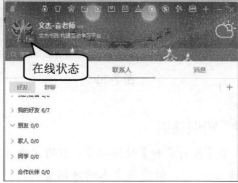

图 7-25

7.1.6 传输文件

QQ聊天软件不仅是一个可以在线聊天的软件，用户也可以通过QQ聊天软件传输文件，与好友分享个人文件资料，下面以传输文件"生词本.txt"为例，介绍传输文件的操作方法。

第1步 启动并登录【腾讯QQ】聊天软件，在好友列表中双击准备进行传输资料的QQ好友头像，如图7-26所示。

第2步 弹出与好友的对话窗口，在功能按钮栏中，**1.** 单击【传送文件】按钮，**2.** 在弹出的列表框中选择【发送文件/文件夹】选项，如图7-27所示。

图 7-26

图 7-27

第3步　弹出【选择文件/文件夹】对话框，**1.** 选择电脑中存储文件的路径，**2.** 选择准备传送的文件，如"生词本.txt"，**3.** 单击【发送】按钮 发送(S)，如图 7-28 所示。

第4步　返回到与好友的对话窗口，在【编辑】文本框中显示准备传输的文件，单击【发送】按钮 发送(S)，如图 7-29 所示。

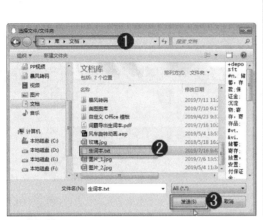

图 7-28

图 7-29

第5步　在与好友的对话窗口右侧，显示正在传输文件。如果好友不在线，用户可以直接单击【转离线发送】超链接，如图 7-30 所示。

第6步　传输完成后在会话区域中提示"成功发送文件"信息，这样即可完成传输文件的操作，如图 7-31 所示。

图 7-30

图 7-31

7.1.7　加入 QQ 群

QQ 群是腾讯公司推出的多人聊天交流服务，用户可以查找有共同兴趣爱好的群并加入，和群内 QQ 用户一起聊天，下面详细介绍加入 QQ 群的操作方法。

第1步 启动并登录【腾讯QQ】聊天软件，**1.** 选择【联系人】选项卡，**2.** 单击【群聊】选项，**3.** 在弹出的下拉列表框中选择【查找添加群】选项，如图7-32所示。

第2步 弹出【查找】对话框，**1.** 选择【找群】选项卡，**2.** 在【群号码】文本框中，输入准备加入群的号码，**3.** 单击【查找】按钮 ，如图7-33所示。

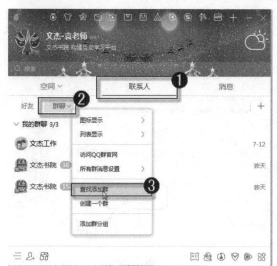

图7-32 图7-33

第3步 进入到查询结果界面，在准备添加的群下方单击【加群】按钮 ，如图7-34所示。

第4步 弹出【添加群】对话框，**1.** 在【请输入验证信息】文本框中，输入给创建人或管理员的验证信息，**2.** 单击【下一步】按钮 ，如图7-35所示，

图7-34 图7-35

第5步 【添加群】对话框中提示"你的加群请求已发送成功，请等候群主/管理员验证。"信息，单击【完成】按钮 ，如图7-36所示。

第6步 管理员接受用户的添加请求后，可以在【腾讯QQ】主界面中，**1.** 单击【群聊】选项，**2.** 显示刚加入的群，双击该群图标，如图7-37所示。

图 7-36　　　　　　　　　　　　　　　　　图 7-37

第 7 步　进入到刚刚加入群的会话窗口，这样即可完成加入 QQ 群的操作，如图 7-38 所示。

图 7-38

智慧锦囊

　　用户加入群后，打开群聊天窗口，在【群成员】区域，双击群内成员的头像，即可与群内成员进行私聊。

7.1.8　语音与视频聊天

　　用户不仅能通过 QQ 聊天软件与远在千里的亲友进行文字聊天，还可以通过 QQ 聊天软件的语音和视频聊天的方式，与亲友进行有声音有画面的对话，下面详细介绍语音与视频聊天的相关操作方法。

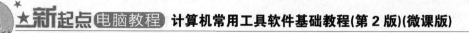

第1步 启动并登录【腾讯QQ】聊天软件,在好友列表中双击准备进行语音与视频聊天的QQ好友头像,如图7-39所示。

第2步 弹出与好友的对话窗口,在上方的功能按钮栏中,单击【发起语音通话】按钮 ,如图7-40所示。

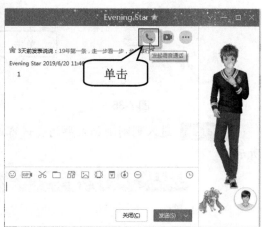

图 7-39　　　　　　　　　　　　　　　图 7-40

第3步 在对话窗口右侧,弹出语音会话窗口,提示"等待对方接受邀请"信息,如图7-41所示。

第4步 对方接受邀请后,在右侧的语音聊天窗口中,显示扬声器声音大小、麦克风声音大小和通话的时间等信息,这样即可进行语音聊天,如图7-42所示。

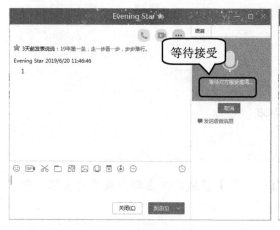

图 7-41　　　　　　　　　　　　　　　图 7-42

第5步 在与好友的对话窗口,上方的功能按钮栏中,单击【发起视频通话】按钮 ,如图7-43所示。

第6步 弹出与好友的视频通话窗口,提示"等待对方接受邀请"信息,如图 7-44所示。

图 7-43

图 7-44

第 7 步　对方接受邀请后，在右侧的视频窗口中，显示自己和对方的视频图像，这样即可进行视频聊天，如图 7-45 所示。

图 7-45

7.2　使用 YY 语音视频聊天室

　　YY(歪歪)隶属于欢聚时代 YY 娱乐事业部，是国内网络视频直播行业的奠基者。目前 YY 直播是一个包含音乐、科技、户外、体育、游戏等内容在内的国内最大全民娱乐直播平台，其最早建立在一款强大的富集通信工具——YY 语音的平台基础上。本节将详细介绍 YY 的相关知识及使用方法。

↑ 扫码看视频

7.2.1　YY 的功能特点

YY 语音功能强大、音质清晰、安全稳定、不占资源、反响良好，是非常适合游戏玩家的免费语音软件，时至今日，YY 语音已经成为集合团队语音、好友聊天、视频功能、频道K 歌、视频直播、YY 群聊天、应用游戏、在线影视等功能为一体的综合型即时通信软件。下面详细介绍 YY 的功能特点。

1. 即时通话

普通群几百人的容量，已经无法满足公会的需求。一万人，仅此数量级将帮助用户统领公会，雄霸一方。不用再为数不清的群烦恼，集中管理更有效，更方便。

2. 支持群内再分组，方便组织管理

将群内人员进行分组，每个小组相当于一个小群。金字塔式的管理架构，用户可以按照会员类型、军团分配分组，极大地方便了公会进行人事管理。

3. 独创主题模式

每个主题可以用于讨论指定内容。YY 群将论坛"发帖-回帖"的主题模式和群进行完美结合，改变传统群的讨论模式，让沟通更加专注，主题可以设置关注、置顶和精华。没有做不到的，只有想不到的。

聊天记录永久线上保存，可随时随地翻查服务器保存所有聊天记录。用户可以在任何一台电脑上登录 YY，查看群内全部聊天记录。

4. 在 YY 频道的麦序模式里可以 K 歌

在 YY 频道里可以玩配音。管理员把配音素材放到基础公告里，设置为麦序模式，游客和会员们就可以和自己的搭档一起上麦玩配音。

7.2.2　注册 YY 账号与登录 YY

在使用 YY 软件之前，首先需要注册 YY 账号，然后即可登录 YY 进行使用，下面详细介绍注册 YY 账号与登录 YY 的操作方法。

第 1 步　启动 YY 软件程序，在登录界面下方，单击【注册账号】按钮 ⎣ 注册帐号，如图 7-46 所示。

第 2 步　弹出【YY 注册】对话框，*1.* 选择【账号注册】选项卡，*2.* 输入准备注册的账号和密码，*3.* 在【验证码】区域下方，依次按顺序单击下方图片中的文字，*4.* 单击【提交】按钮，如图 7-47 所示。

第 3 步　待验证成功后，单击【同意并注册账号】按钮 ⎣ 同意并注册帐号，如图 7-48 所示。

第 4 步　进入到下一界面，提示需要短信验证，*1.* 输入准备验证的手机号码，*2.* 单击【获取验证码】按钮 ⎣ 获取验证码，如图 7-49 所示。

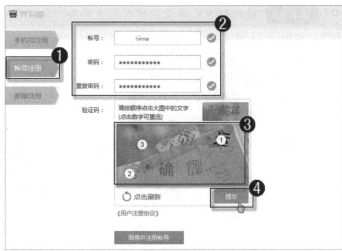

图 7-46　　　　　　　　　　　　　图 7-47

图 7-48　　　　　　　　　　　　　图 7-49

第 5 步　当手机接收到验证码后，*1.* 在【验证码】文本框中输入接收到的验证码，*2.* 单击【提交】按钮 提交 ，如图 7-50 所示。

第 6 步　进入到【注册成功】界面，显示注册的 YY 号和账号，如图 7-51 所示。

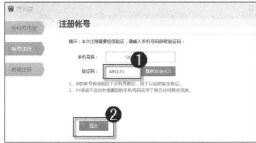

图 7-50　　　　　　　　　　　　　图 7-51

第 7 步　返回到 YY 登录界面，*1.* 输入 YY 刚刚注册的 YY 账号，*2.* 输入密码，*3.* 单击【登录】按钮 登录 ，如图 7-52 所示。

第8步 进入到 YY 登录成功后的主界面，这样即可完成注册 YY 账号与登录 YY 的操作，如图 7-53 所示。

图 7-52   图 7-53

7.2.3 编辑个人资料

使用注册的账号登录 YY 后，用户可以进一步完善个人的资料，从而更加方便地认识和联系用户，下面详细介绍编辑个人资料的操作方法。

第1步 启动并登录 YY 软件程序，在主界面左上角，单击头像，如图 7-54 所示。

第2步 弹出【个人资料】对话框，单击右上角处的【编辑资料】按钮 编辑资料，如图 7-55 所示。

图 7-54

图 7-55

第3步 此时即可展开个人的详细资料，用户可以编辑昵称、个性签名、性别、年龄、生日、所在地和个人说明等，编辑完成后单击【保存】按钮，如图 7-56 所示。

第4步　保存成功后，即可在个人主页中看到昵称、个性签名等个人资料都已经修改过来了，这样即可完成编辑个人资料的操作，如图 7-57 所示。

图 7-56

图 7-57

7.2.4　进入与退出 YY 频道

YY 作为一个娱乐软件，用户可以在里面看到很多节目。使用 YY，用户首先得学会进入与退出 YY 频道的操作方法，下面对其进行详细介绍。

第1步　启动并登录 YY 软件程序，在主界面右上角的文本框中输入准备进入的频道号码，然后按键盘上的【Enter】键，如图 7-58 所示。

图 7-58

第2步　这样即可进入到该 YY 频道，用户可以在右下角处的【发言】文本框中输入想要说的话，然后按键盘上的【Enter】键，或单击【发送】按钮 发送，即可进行频道发言，单击右上角处的【关闭】按钮，即可完成退出 YY 频道的操作，如图 7-59 所示。

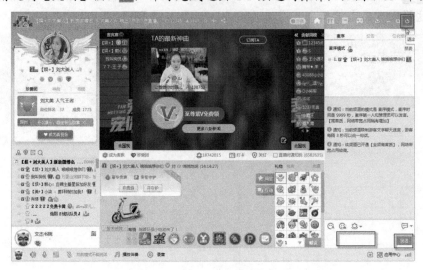

图 7-59

7.2.5 创建自己的 YY 频道

YY 里既可以交流平时的趣事，还能共同学习各类型的常识，这些都是在频道内进行的。如果用户也想拥有一个自己的频道，那么就可以创建一个，下面详细介绍创建自己的 YY 频道的操作方法。

第1步 启动并登录 YY 软件程序，在主界面右上角，**1.** 单击【频道】按钮，**2.** 使用鼠标右键单击【我的频道】，**3.** 在弹出的快捷菜单中选择【创建频道】菜单项，如图 7-60 所示。

图 7-60

第2步 弹出【创建频道】对话框，**1.** 在【频道名称】文本框中输入准备创建的频道名称，**2.** 在【选择 ID】文本框中显示的是系统分配好的 ID，用户还可以单击【自主选号】

按钮进行选择 ID 号码，**3.** 设置频道类别，**4.** 选择频道模板，**5.** 单击【立即创建】按钮，
如图 7-61 所示。

图 7-61

第 3 步 进入到【恭喜你，频道创建成功！】界面，单击【进入频道】按钮　，
如图 7-62 所示。

第 4 步 系统会显示"正在连接频道，请稍候"信息，用户需要在线等待一段时间，
如图 7-63 所示。

图 7-62

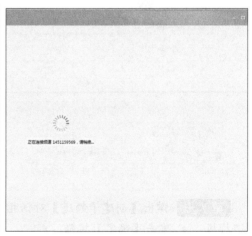

图 7-63

第 5 步 进入到自己所创建的频道里，在左侧上端显出频道名称及频道号，完成创建

自己的 YY 频道, 如图 7-64 所示。

图 7-64

第6步 如果用户还想创建子频道, **1.** 使用鼠标右键单击主频道, **2.** 在弹出的快捷菜单中选择【新建子频道】菜单项, 如图 7-65 所示。

图 7-65

第7步 弹出【创建子频道】对话框, **1.** 设置频道名称, **2.** 设置频道密码, **3.** 选择频道模板, **4.** 单击【确定】按钮 确定 , 如图 7-66 所示。

第8步 可以看到在主频道下方出现所创建的子频道, 这样即可完成创建子频道的操作, 如图 7-67 所示。

图 7-66

图 7-67

 智慧锦囊

在【创建频道】和【创建子频道】对话框中都有一项【选择频道模板】，其中有丰富的模板供用户选择，如选择【娱乐模板】即可将该频道创建为娱乐版块，与进入该频道的伙伴轻松进行娱乐沟通。

7.3　其他常见聊天软件

除了腾讯 QQ 和 YY 语音聊天工具外，现在还有很多其他常用的聊天工具，如用户可以使用钉钉进行视频会议、使用微信电脑版进行聊天记录的备份恢复、使用百度 HI 进行文件互传，本节将详细介绍这些聊天软件的相关知识及使用方法。

↑　扫码看视频

7.3.1　使用钉钉进行视频会议

钉钉是阿里巴巴集团专为中国企业打造的免费沟通和协同的多端平台，钉钉电脑版是一款非常强大的智能办公软件。钉钉电脑版可快速创建团队分级式的管理，可内外联系、智能视频通话，下面详细介绍使用钉钉进行视频会议的操作方法。

第 1 步　启动并登录钉钉软件程序，单击左侧的【电话】按钮📞，如图 7-68 所示。

第 2 步　进入到【电话】界面，选择【视频会议】选项，如图 7-69 所示。

图 7-68   图 7-69

第3步 进入到【视频会议】选项界面，单击【发起会议】按钮 发起会议 ，如图 7-70 所示。

第4步 进入到【发起视频会议】界面，1. 选择准备进行会议的好友，2. 单击【确定】按钮，如图 7-71 所示。

图 7-70   图 7-71

第5步 进入到视频会议界面中，当所有的好友都接通后，即可进行语音视频会议，如图 7-72 所示。

图 7-72

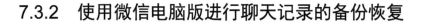

7.3.2　使用微信电脑版进行聊天记录的备份恢复

微信是腾讯公司推出的一款跨平台的通信工具。微信的电脑版本，功能与手机版一样。Windows 版微信可以通过数据线，将手机连上电脑，同步备份聊天记录。下面详细介绍使用微信电脑版进行聊天记录的备份恢复的操作方法。

第 1 步 启动并登录微信电脑版软件，**1.** 单击左下角处的【更多】按钮，**2.** 在弹出的列表框中选择【备份与恢复】选项，如图 7-73 所示。

第 2 步 弹出【备份与恢复】对话框，选择【备份聊天记录至电脑】选项，如图 7-74 所示。

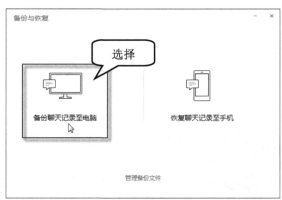

图 7-73　　　　　　　　　　　　　　　　图 7-74

第 3 步 进入到【请在手机上确认，以开始备份】界面，用户需要在手机微信上确认该操作，如图 7-75 所示。

第 4 步 确认完毕后，会自动备份文件，进入到【备份已完成】界面，即可完成备份聊天记录的操作，如图 7-76 所示。

图 7-75　　　　　　　　　　　　　　　　图 7-76

第 5 步 在【备份与恢复】对话框中，选择【恢复聊天记录至手机】选项，如图 7-77 所示。

第 6 步 弹出【请选择需要传输的聊天记录】对话框，**1.** 选择【全选】单选项，**2.** 单击【确定】按钮 确定 ，如图 7-78 所示。

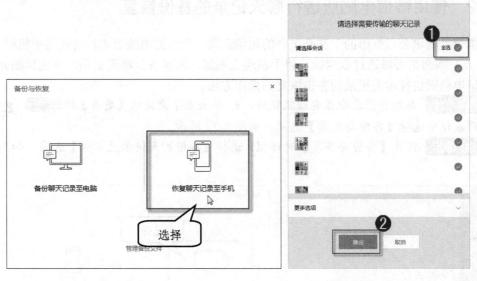

图 7-77　　　　　　　　　　　　　　　图 7-78

第7步 进入到【恢复到手机】界面，用户需要在手机微信上确认，开始进行恢复操作，如图 7-79 所示。

第8步 确认完毕后即可进行恢复，当进入到【传输已完成，请在手机上继续恢复】界面，即可完成聊天记录的恢复，如图 7-80 所示。

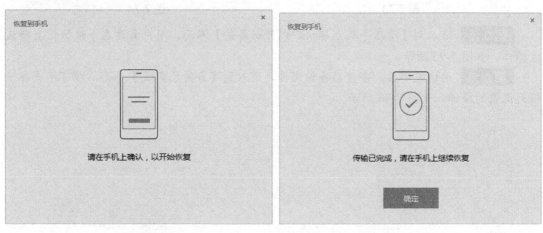

图 7-79　　　　　　　　　　　　　　　图 7-80

7.3.3　使用百度 HI 进行文件互传

百度 HI 是百度公司推出的一款集文字消息、语音视频通话、文件传输等功能于一体的即时通信软件，在使用百度 HI 手机版的时候，若有照片文件要从电脑上传到手机上，可使用文件互传助手将电脑上的照片文件等上传到手机上，甚至多终端互传。下面详细介绍使用百度 HI 进行文件互传的操作方法。

第1步 启动并登录百度 HI 软件，*1.* 单击【聊天会话】按钮 H!，*2.* 选择【文件互传助手】选项，如图 7-81 所示。

第2步 进入到【文件互传助手】界面，*1.* 单击【发送文件】按钮，*2.* 在弹出的列表框中选择准备发送的文件类型，这里选择【图片】选项，如图 7-82 所示。

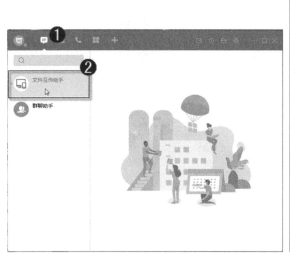

图 7-81　　　　　　　　　　　　　　　　图 7-82

第3步 弹出【打开】对话框，*1.* 选择准备传送的图片文件，*2.* 单击【打开】按钮 打开(O)，如图 7-83 所示。

第4步 返回到【文件互传助手】界面，可以看到在【发送】文本框中已经有了所选择的图片文件，单击【发送】按钮 发送，如图 7-84 所示。

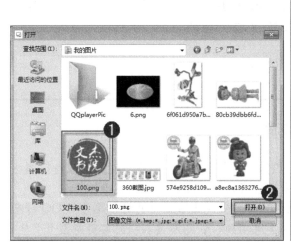

图 7-83　　　　　　　　　　　　　　　　图 7-84

第5步 可以看到已经将图片文件发送出去，用户可以在手机端中查看所发送的照片文件，这样即可完成使用百度 HI 进行文件互传的操作，如图 7-85 所示。

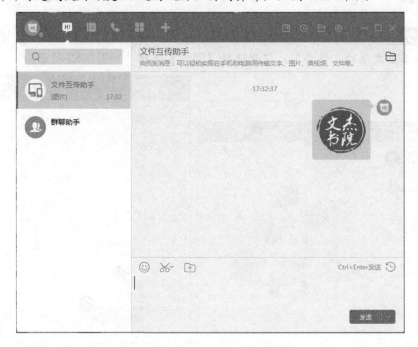

图 7-85

7.4　实践案例与上机指导

　　通过本章的学习，读者基本可以掌握即时聊天软件的基本知识以及一些常见的操作方法，下面通过练习一些案例操作，以达到巩固学习、拓展提高的目的。

↑扫码看视频

7.4.1　设置对 QQ 好友的隐身权限

　　使用 QQ 聊天软件，不希望让有的 QQ 好友看见自己在线，但也不能删除或者拉黑该好友，这时用户就可以对该 QQ 好友进行隐身权限设置，下面详细介绍其操作方法。

　　第 1 步　启动并登录 QQ 软件，1. 使用鼠标右键单击准备对其进行隐身的 QQ 好友头像，2. 在弹出的快捷菜单中选择【设置权限】菜单项，3. 选择【在线对其隐身】子菜单项，如图 7-86 所示。

　　第 2 步　弹出【权限设置提示】对话框，显示"设置成功，该好友将看不到你的在线状态"信息，单击【确定】按钮 确定 ，如图 7-87 所示。

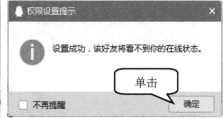

图 7-86　　　　　　　　　　　　　　　　　　图 7-87

第 3 步　返回到 QQ 软件主界面，在好友列表中，可以看到选择对其隐身的 QQ 好友头像已变为"隐身"状态，这样即可完成设置对 QQ 好友隐身的操作，如图 7-88 所示。

图 7-88

7.4.2　设置 YY 添加好友验证

YY 加好友，用户在用它的时候都会使用到，一般在使用它的时候都会先加好友。用户可以设置 YY 添加好友验证，从而方便用户筛选添加好友，下面详细介绍设置 YY 添加好友验证的操作方法。

第 1 步　启动并登录 YY 软件，单击右下角处的【系统设置】按钮，如图 7-89 所示。

图 7-89

第2步 弹出【设置】对话框，*1.* 选择【好友设置】选项卡，*2.* 在【好友验证】区域选择准备应用的好友验证方式，这里选择【需要验证身份】单选项，这样即可完成设置 YY 好友验证的操作，如图 7-90 所示。

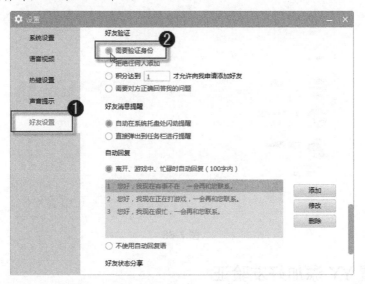

图 7-90

7.4.3 使用微信电脑版新建笔记

很多用户喜欢在办公中用微信聊天工具与别人进行工作联系，在需要发送一个产品的系列介绍时，有时需要发送很多个图片和文字说明，这些资料逐条发送会非常混乱。其实可以将文件建立成"笔记"发给别人，又快又清晰。下面详细介绍使用微信电脑版新建笔记的操作方法。

第1步 启动并登录微信软件，**1.** 单击左侧的【收藏】按钮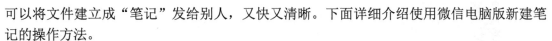，**2.** 单击【新建笔记】按钮 ✏新建笔记 ，如图 7-91 所示。

第2步 打开【笔记详情】窗口，**1.** 在文本框中输入笔记的文字内容，用户还可以设置文字的大小、字体、大纲模式等，**2.** 单击【附件】按钮，如图 7-92 所示。

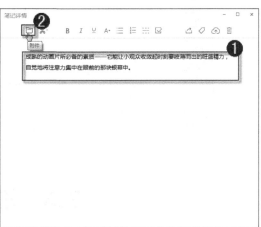

图 7-91　　　　　　　　　　　　　　　　　　图 7-92

第3步 弹出【打开】对话框，**1.** 选择准备插入到笔记中的图片，**2.** 单击【打开】按钮 打开(O) ▼ ，如图 7-93 所示。

第4步 返回到【笔记详情】窗口中，可以看到已经将选择的图片插入到该笔记中，这样即可达到图文混排的效果，单击【保存】按钮，如图 7-94 所示。

图 7-93　　　　　　　　　　　　　　　　　　图 7-94

第5步 返回到【收藏】界面中，可以看到已经将新建的笔记内容收藏了，这样即可完成使用微信电脑版新建笔记的操作，如图 7-95 所示。

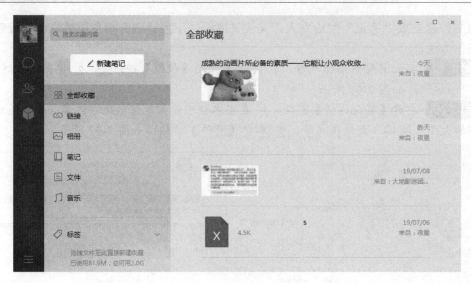

图 7-95

7.5 思考与练习

1. 填空题

(1) 在使用【腾讯 QQ】聊天软件时，如果用户的 QQ 好友组不能满足要求或准备新建其他好友组，那么可以_____。

(2) 用户不仅能通过 QQ 聊天软件与远在千里的亲友进行文字聊天，还可以通过 QQ 聊天软件的_____和_____聊天的方式，与亲友进行有声音有画面的对话。

2. 判断题

(1) QQ 聊天软件不仅是一个可以在线聊天的软件，用户也可以通过 QQ 聊天软件传输文件，与好友分享个人文件资料。 （ ）

(2) 百度 HI 是百度公司推出的一款集文字消息、语音视频通话、文件传输等功能于一体的即时通信软件，在使用百度 HI 手机版的时候，若有照片文件要从电脑上传到手机上，可使用文件互传助手将电脑上的照片文件等上传到手机上，但不能多终端互传。

（ ）

3. 思考题

(1) 如何使用 QQ 进行语音与视频聊天？

(2) 如何使用 YY 进入与退出 YY 频道？

新起点
电脑教程

第 **8** 章

文件下载与传输工具

本章主要内容

　　本章主要介绍 FlashGet 和迅雷下载软件方面的知识与使用技巧，同时还讲解如何使用 Bitcomet 资源下载软件，在本章的最后还针对实际的工作需求，讲解了一些常见的其他下载工具的使用方法。通过本章的学习，读者可以掌握文件下载与传输工具方面的知识，为深入学习计算机常用工具软件知识奠定基础。

8.1 网际快车——FlashGet

　　FlashGet，称为快车，是一款老牌儿高速下载工具。多年的丰富经验使快车 FlashGet 一直延续着良好的表现和用户口碑。FlashGet 采用多服务器超线程技术，全面支持多种协议，具有文件管理功能。快车 FlashGet 是绿色软件，无广告、完全免费，本节将详细介绍 FlashGet 的相关知识及使用方法。

↑ 扫码看视频

8.1.1 设置 FlashGet 默认下载路径

　　用户可以使用 FlashGet 在网络上下载一些需要的文件、视频或相关资料，在下载过程中需要首先对其设置下载完成后所保存的路径，下面详细介绍设置 FlashGet 默认下载路径的操作方法。

　　第1步 在打开的【FlashGet】软件程序窗口中，选择【工具】→【选项】菜单项，如图 8-1 所示。

图 8-1

　　第2步 弹出【选项】对话框，*1.* 选择【任务管理】选项卡，*2.* 选择【任务默认属性】选项，*3.* 在右侧的【默认属性】区域中，选择【指定分类及目录】单选项，*4.* 单击【浏览】按钮 浏览... ，如图 8-2 所示。

　　第3步 弹出【浏览文件夹】对话框，*1.* 选择准备应用的路径，例如 "F: \ Download" 文件夹，*2.* 单击【确定】按钮 确定 ，如图 8-3 所示。

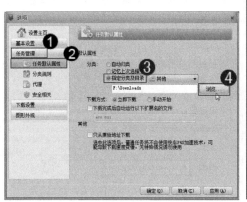

图 8-2　　　　　　　　　　　　　　　　　　　图 8-3

第 4 步　返回到选项界面，单击【确定】按钮 确定(0)，设置 FlashGet 默认下载路径的操作完成，如图 8-4 所示。

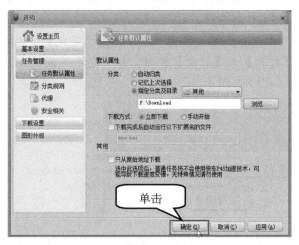

图 8-4

智慧锦囊

在 FlashGet 中设置默认路径，直接单击下载区域上方的【选项】按钮 选项，再继续使用同上的方法即可。

8.1.2　使用 FlashGet 下载网上文件

FlashGet 是一款支持多线程下载及断点续传的下载软件，下面以使用 FlashGet 下载

"FlashGet 安装文件"为例,来详细介绍使用 FlashGet 下载网上文件的操作方法。

第1步 启动【FlashGet】软件程序,单击【新建】按钮 ➕ 新建,如图 8-5 所示。

第2步 弹出 FlashGet 的【新建任务】对话框,**1.** 在【下载网址】文本框中输入准备下载的网址链接,**2.** 在【文件名】文本框中输入准备保存的下载文件名称,**3.** 在【分类】下拉列表框中选择准备下载的文件的类型,**4.** 在【下载到】文本框中输入文件准备保存的位置,**5.** 单击【立即下载】按钮 立即下载 ▼,如图 8-6 所示。

图 8-5　　　　　　　　　　　　　　　　图 8-6

第3步 弹出【快车 FlashGet】程序界面,其中显示相关下载信息,包括下载的速度、进度、剩余时间等,如图 8-7 所示。

第4步 当完成下载后,系统会弹出一个【任务已完成】对话框,提示下载完成,用户可以单击【查看】【打开】或【目录】按钮,分别查看下载任务、打开下载文件和打开下载文件所在的目录,如图 8-8 所示。

图 8-7　　　　　　　　　　　　　　　　图 8-8

第5步 单击【完成下载】按钮 ✔ 完成下载 ▼,可以看到下载完成的任务显示在其中,如图 8-9 所示。

第6步 打开下载到的路径,可以看到下载的文件已经被下载到电脑中,通过上述方法即可完成使用 FlashGet 下载网上文件的操作,如图 8-10 所示。

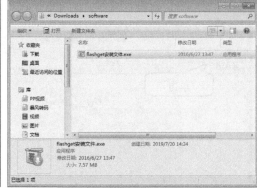

图 8-9　　　　　　　　　　　　　　　　　图 8-10

8.1.3　优化 FlashGet 文件下载速度

用户在使用 FlashGet 下载网络文件时，有时下载速度过慢，导致文件下载需要很长的时间，此时用户可以使用 FlashGet 中的下载设置来优化文件下载速度，下面详细介绍优化 FlashGet 文件下载速度的相关方法。

第 1 步　在打开的【FlashGet】程序窗口中，选择【工具】→【选项】菜单项，如图 8-11 所示。

图 8-11

第 2 步　弹出【选项】对话框，单击左侧的【下载设置】选项卡，如图 8-12 所示。

第 3 步　在弹出的【下载设置】对话框中，*1.* 选择【速度设置】选项，*2.* 在右侧的【全局速度】区域中，选择【全速下载】单选项，*3.* 单击【应用】按钮 应用(A) ，*4.* 单击【确定】按钮 确定(0) ，即可完成优化 FlashGet 文件下载速度的操作，如图 8-13 所示。

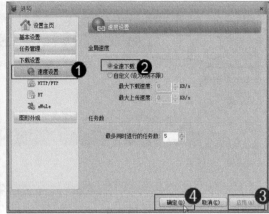

图 8-12 　　　　　　　　　　　　　　　图 8-13

8.1.4　配置 FlashGet 执行批量下载

有时候，用户需要下载网页中的一系列文件，但苦于网站并没有提供打包下载，这种情况下，如果这些文件的命名具备一定规则，可以使用快车的批量下载功能来快速下载需要的文件，下面以批量下载图片为例，介绍配置 FlashGet 执行批量下载的操作方法。

第1步 打开相关的网页，**1.** 使用鼠标右键单击第一张图片，**2.** 选择【属性】菜单项，如图 8-14 所示。

第2步 弹出【属性】对话框，**1.** 复制其 URL 地址，**2.** 单击【确定】按钮 <u>确定</u>，如图 8-15 所示。

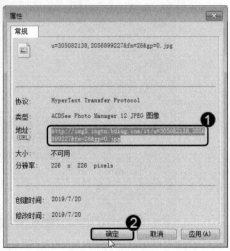

图 8-14 　　　　　　　　　　　　　　　图 8-15

第3步 使用同样方法，查看最后一张图片 URL 地址，如图 8-16 所示。

第4步 在打开的【FlashGet】程序窗口中，选择【文件】→【新建批量任务】菜单项，如图 8-17 所示。

第5步 弹出【添加批量任务】对话框，**1.** 在【下载网址】文本框中输入图片的 URL

地址，*2.* 在序号后输入 "(*)"，*3.* 在【通配符设置】区域中，选中第一个单选框，将值设置为【从 1 到 3】，*4.* 在【通配符长】文本框中，设置通配符长度为 1，*5.* 单击【确定】按钮 确定 ，如图 8-18 所示。

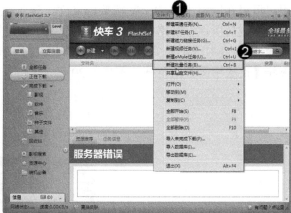

图 8-16　　　　　　　　　　　　　　　图 8-17

第 6 步 弹出【新建任务】对话框，*1.* 选择下载目录，例如选择下载 "F:\Downloads"，*2.* 单击【立即下载】按钮 立即下载 ▼ ，通过上述方法即可完成配置 FlashGet 执行批量下载的操作，如图 8-19 所示。

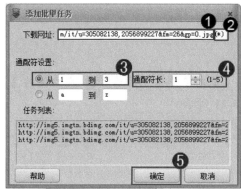

图 8-18　　　　　　　　　　　　　　　图 8-19

8.2　文件下载——迅雷

迅雷凭借"简单、高速"的下载体验，正在成为高速下载的代名词。迅雷软件使用的多资源超线程技术，能够将网络上存在的服务器和计算机资源进行有效的整合，通过迅雷网络，各种数据文件能够以最快的速度进行传递。本节将详细介绍迅雷的相关知识及使用方法。

↑ 扫码看视频

8.2.1 设置默认下载路径

用户可以在网络上下载一些需要的文件、视频或相关资料，但在下载过程中需要对其设置下载完成后所保存的路径，下面介绍使用迅雷设置默认下载路径的相关操作方法。

第1步 在打开的迅雷软件程序窗口中，*1.* 单击【工具】按钮，*2.* 在弹出的下拉菜单中选择【设置中心】菜单项，如图 8-20 所示。

图 8-20

第2步 打开【设置中心】页面，*1.* 选择【基本设置】选项卡，*2.* 在右侧的【下载目录】区域中，单击【文件夹】按钮 📁，如图 8-21 所示。

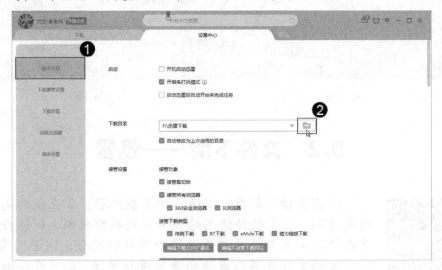

图 8-21

第3步 弹出【选择文件夹】对话框，*1.* 选择准备应用的下载路径，例如"F:\软件安全下载目录"文件夹，**2.** 单击【选择文件夹】按钮 选择文件夹 ，如图 8-22 所示。

图 8-22

第 4 步 返回到【设置中心】页面，在【下载目录】区域中显示刚刚已经设置的下载路径，这样即可完成设置默认下载路径的操作，如图 8-23 所示。

图 8-23

8.2.2　在迅雷中搜索与下载文件

迅雷已经成为目前网络上应用最为广泛的下载软件，它不仅下载速度快，而且操作非常的简便，下面以下载图片为例，介绍在迅雷中搜索与下载文件的方法。

第 1 步 打开迅雷程序界面，在搜索文本框中输入准备下载的内容，如输入"十年下载"，然后按键盘上的 Enter 键，如图 8-24 所示。

图 8-24

第2步 打开【百度搜索】选项卡，显示搜索文件结果等相关信息，单击准备进行下载的网页超链接，如图 8-25 所示。

图 8-25

第3步 进入该下载网页的页面，**1.** 使用鼠标右键单击准备下载的超链接，**2.** 在弹出的快捷菜单中选择【链接另存为】菜单项，如图 8-26 所示。

图 8-26

第4步 弹出【新建下载任务】对话框，*1.* 在【文件名】文本框中输入准备下载的文件名称，*2.* 单击【立即下载】按钮 ，如图 8-27 所示。

第5步 返回到迅雷程序主界面，可以看到已经下载完成的文件，这样即可完成在迅雷中搜索与下载文件的操作，如图 8-28 所示。

图 8-27

图 8-28

8.2.3 使用迅雷下载文件

迅雷软件使用的多资源超线程技术，能够将网络上存在的服务器和计算机资源进行有效的整合，下面以下载安装包 Bitcomet 为例，详细介绍使用迅雷下载文件的方法。

第1步 在打开的【Bitcomet_百度搜索】网页窗口中，单击准备下载文件的超链接项，如图 8-29 所示。

第2步 打开下载地址链接窗口，*1.* 使用鼠标右键单击超链接地址，*2.* 在弹出的快捷菜单中选择【使用迅雷下载】菜单项，如图 8-30 所示。

图 8-29

图 8-30

第3步 弹出【新建任务】对话框，**1.** 在【文件名】文本框中输入准备保存的下载文件的名字，**2.** 在准备保存的路径中，输入文件准备保存的位置，**3.** 单击【立即下载】按钮，如图 8-31 所示。

第4步 进入到迅雷程序主界面，文件下载完毕，显示下载完成的文件相关信息。单击右侧的【打开文件】按钮，可以打开下载目录，如图 8-32 所示。

图 8-31

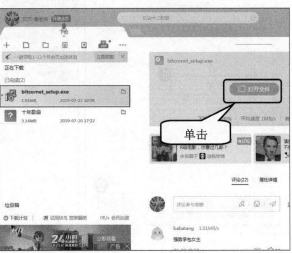

图 8-32

第5步 打开下载到的路径，可以看到安装包 Bitcomet 已经被下载到电脑中，这样即可完成使用迅雷下载文件的操作，如图 8-33 所示。

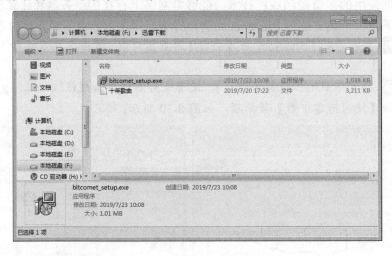

图 8-33

8.2.4 开启免打扰功能

在使用迅雷软件下载文件的时候，可以开启免打扰功能，避免在进行全屏操作的时候提示迅雷下载信息，下面详细介绍开启免打扰功能的操作方法。

第1步 在打开的迅雷软件程序窗口中，**1.** 单击【工具】按钮，**2.** 在弹出的下拉菜单中选择【设置中心】菜单项，如图 8-34 所示。

图 8-34

第 2 步　打开【设置中心】页面，*1.* 选择【消息及提醒】选项卡，*2.* 在右侧的【提醒】区域中，选择【不接收消息通知】单选项，即可完成开启免打扰，如图 8-35 所示。

图 8-35

8.2.5　自定义限速下载

迅雷软件提供了自定义限速下载功能，以保证在下载文件的同时不影响其他工作，下面详细介绍自定义限速下载的操作方法。

第 1 步　在打开的迅雷软件程序窗口中，*1.* 单击左下角处的【下载计划】按钮

⏱下载计划， *2.* 在弹出的菜单中选择【限速下载】菜单项，如图 8-36 所示。

图 8-36

第2步 弹出【限制我的下载速度】对话框，*1.* 分别设置【最大下载速度】和【最大上传速度】的数值，*2.* 单击【确定】按钮 ▭ 确定 ▭，即可完成自定义限速下载的操作，如图 8-37 所示。

图 8-37

8.3 BT 资源下载——BitComet

BitComet(比特彗星)是一个完全免费的 BT 下载管理软件，也称 BT 下载客户端，同时也是一个集 BT、HTTP、FTP 为一体的下载管理器。BitComet 拥有多项领先的 BT 下载技术，本节将详细介绍 BitComet 软件的相关知识及使用方法。

↑ 扫码看视频

8.3.1 使用 BitComet 下载 BT 任务

BitComet 特性包括可以同时下载、创建下载队列、从多文件种子(torrent)中选择下载单个文件，下面介绍使用 BitComet 下载 BT 任务的操作方法。

第 1 步 在浏览器中打开准备下载 BT 文件的网址，单击准备下载的超链接项，如图 8-38 所示。

第 2 步 弹出【Internet Explorer】对话框，提示"是否允许此网站打开你计算机上的程序？"信息，单击【允许】按钮 允许(A) ，如图 8-39 所示。

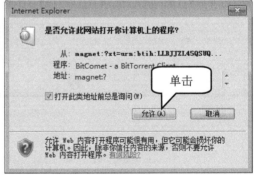

图 8-38   图 8-39

第 3 步 弹出【新建 BT 任务】对话框，**1.** 在【保存位置】区域，选择保存的位置，例如选择"我的视频"，**2.** 单击【立即下载】按钮 立即下载(D) ，如图 8-40 所示。

第 4 步 进入到【BitComet】软件主界面，可以看到正在下载的 BT 任务，这样即完成了下载 BT 任务的操作，如图 8-41 所示。

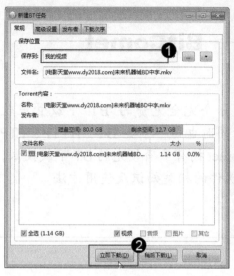

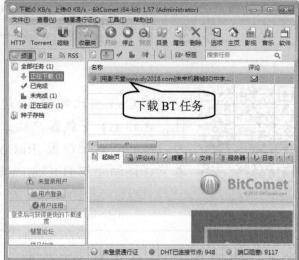

图 8-40   图 8-41

8.3.2　限制 BitComet 的文件上传速度

用户在使用 BitComet 下载网络文件时，如果正在观看视频或者其他的网络操作，此时可以限制文件上传速度，从而使观看更加流畅。下面详细介绍限制 BitComet 文件上传速度的相关方法。

第1步　在打开的【BitComet】程序窗口中，**1.** 单击菜单栏中【工具】菜单，**2.** 在弹出的菜单中选择【选项】菜单项，如图 8-42 所示。

第2步　弹出【选项】对话框，**1.** 选择【网络连接】选项卡，**2.** 在右侧的【全局最大上传速率】区域中，设置上传速度，例如"150Kb/s"，**3.** 单击【应用】按钮 应用(A)，**4.** 单击【确定】按钮 确定，即可完成限制 BitComet 文件上传速度的操作，如图 8-43 所示。

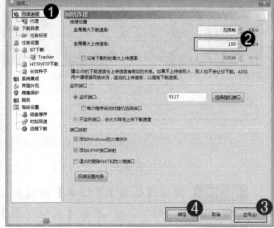

图 8-42   图 8-43

8.3.3　使用 BitComet 制作 Torrent 文件

除了下载 BT 资源之外，有时候用户还想自己发布一些资源，这个时候就可以动手制作 BT 种子。下面介绍利用 BitComet 制作 Torrent 文件的操作方法。

第 1 步　在【BitComet】程序窗口中，选择【文件】→【制作 Torrent 文件】菜单项，如图 8-44 所示。

第 2 步　弹出【制作 Torrent 文件】对话框，**1.** 选择【常规】选项卡，**2.** 在【源文件】区域中，选中【单个文件】单选框，**3.** 单击【浏览】按钮 [...]，如图 8-45 所示。

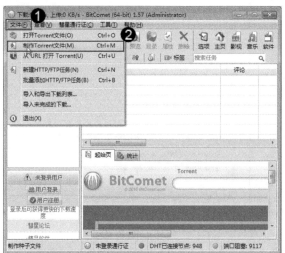

图 8-44　　　　　　　　　　　　　　　　图 8-45

第 3 步　弹出【打开】对话框，**1.** 选择准备打开的文件，**2.** 单击【打开】按钮 打开(O)，如图 8-46 所示。

第 4 步　返回到【制作 Torrent 文件】界面，打开【发布者】选项卡，如图 8-47 所示。

图 8-46　　　　　　　　　　　　　　　　图 8-47

第5步 切换到【发布者】界面，在其中填写发布者名称、发布者网址和备注等相关信息，如图 8-48 所示。

第6步 *1.* 选择【Web 种子】选项卡，*2.* 在【Web 种子的 URL 路径列表】文本框中，填写与种子内容相同文件的 URL 地址，*3.* 单击【制作】按钮，如图 8-49 所示。

图 8-48

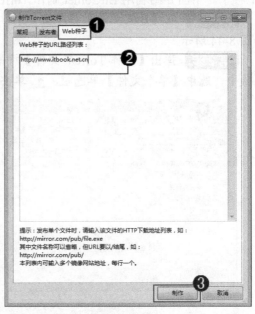

图 8-49

第7步 弹出【正在制作 Torrent 文件】对话框，显示文件制作的进度信息，如图 8-50 所示。

第8步 返回【BitComet】程序窗口，可以看到制作的 Torrent 文件显示在其中。通过上述方法即可完成使用 BitComet 制作 Torrent 文件的操作，如图 8-51 所示。

图 8-50

图 8-51

8.4 常见的下载工具

除了 FlashGet、迅雷和 BitComet 以外，网络上还有很多常见的下载工具，这些下载工具也都很实用。本节将详细介绍一些其他常用的下载工具软件的相关知识及使用方法。

↑ 扫码看视频

8.4.1 使用硕鼠下载在线视频

硕鼠视频下载工具是一款非常著名的专业 FLV 视频下载工具。这款视频下载工具，能够对主流的视频网站进行解析、下载和合并的一条龙整合服务，如优酷、搜狐等视频在线网站。下面详细介绍使用硕鼠下载在线视频的操作方法。

第 1 步 找到需要下载的视频或专辑网站页面，将网站地址栏中的地址复制，如图 8-52 所示。

图 8-52

第 2 步 启动硕鼠软件，**1.** 在文本框中粘贴刚刚复制的网站地址，**2.** 单击【开始 GO！】按钮 开始GO! ，如图 8-53 所示。

图 8-53

第3步 进入到【当前解析视频】页面，单击【用硕鼠下载该视频】按钮 用硕鼠下载该视频 ，如图 8-54 所示。

图 8-54

第4步 进入到下一页面，单击【硕鼠专用链下载】按钮 硕鼠专用链下载 ，如图 8-55 所示。

图 8-55

第5步 弹出一个对话框，单击【(推荐)添加到硕鼠 Nano 的窗口下载】按钮 (推荐)添加到硕鼠Nano的窗口下载 ，如图 8-56 所示。

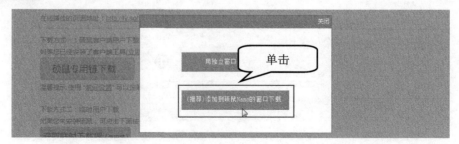

图 8-56

第 6 步　弹出【添加新任务】对话框，**1.** 设置下载文件的存储位置，**2.** 单击【确定】按钮 ，如图 8-57 所示。

图 8-57

第 7 步　返回到硕鼠软件程序，并进入到【正在下载】界面，显示下载的视频、下载来源、大小、进度、下载速度等数据，如图 8-58 所示。

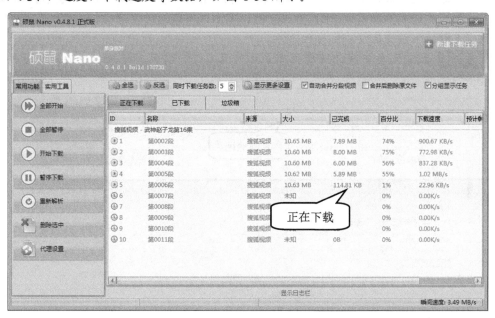

图 8-58

第 8 步　在线等待一段时间后即可完成下载，选择【已下载】选项卡，即可查看到完

成下载的视频，这样即可完成使用硕鼠下载在线视频的操作，如图 8-59 所示。

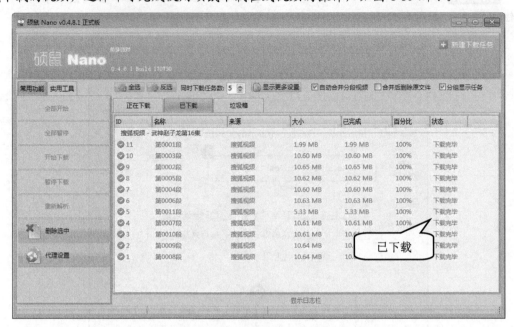

图 8-59

8.4.2 使用冰点下载器下载文库文档

冰点下载器是一款网络分享文档的下载软件，通过冰点下载器下载的文档可以根据用户要求，最终生成高清晰度的 PDF 格式文档。下面以下载百度文库文档为例，来详细介绍使用冰点下载器下载文库文档的操作方法。

第 1 步 找到需要下载的百度文库文档网站页面，将网站地址栏中的地址复制，如图 8-60 所示。

图 8-60

第2步 启动冰点下载器下载软件，*1.* 在文本框中输入刚刚复制的文档网站地址，*2.* 单击【下载】按钮 下载 ，如图 8-61 所示。

图 8-61

第3步 进入到【正在下载】页面，用户可以看到正在下载的文档，如图 8-62 所示。

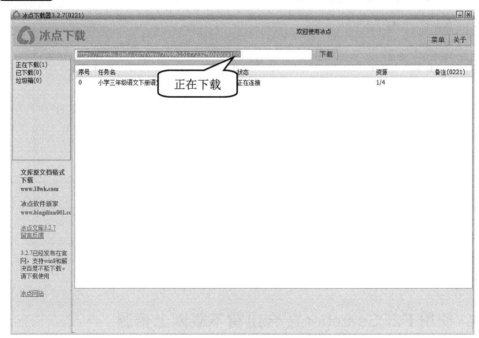

图 8-62

211

第4步 当文档完成下载后，*1.* 可以单击【已下载】选项，*2.* 使用鼠标右键单击完成下载的文件，*3.* 在弹出的快捷菜单中选择【打开保存文件夹】菜单项，如图 8-63 所示。

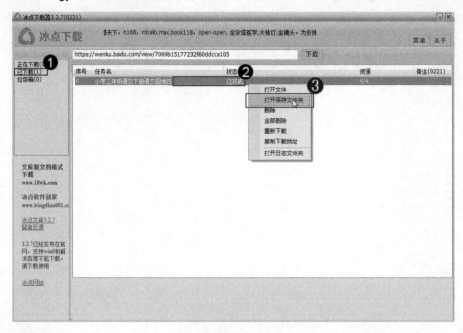

图 8-63

第5步 打开下载文档所在的目录，可以看到下载且被转换成 PDF 的文档，这样即可完成使用冰点文库下载文库文档的操作，如图 8-64 所示。

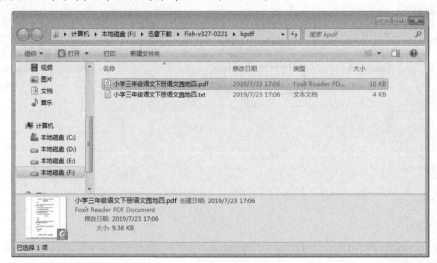

图 8-64

8.4.3　使用 P2PSearcher 配合迅雷下载网上资源

P2PSearcher(种子搜索神器)是一款基于 P2P 技术的资源搜索软件,利用它,无论是电影、小说、图片，还是音乐，都可以轻易搜索到，然后使用迅雷下载，非常方便。下面详细介绍使用 P2PSearcher 配合迅雷下载网上资源的操作方法。

第1步 打开 P2PSearcher 软件进入主界面，*1.* 在【搜索】文本框中输入准备搜索的资源名称，*2.* 单击【搜索】按钮 搜索，如图 8-65 所示。

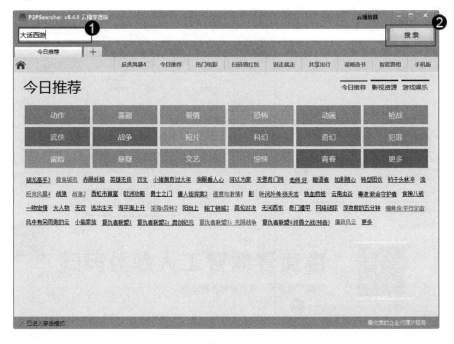

图 8-65

第2步 进入到搜索结果页面，显示搜索出来的所有资源，在准备下载的资源右侧，单击【下载】超链接，如图 8-66 所示。

图 8-66

第3步 系统会自动弹出迅雷的【新建下载任务】对话框，**1.** 选择准备下载的内容，**2.** 单击【立即下载】按钮 ，如图 8-67 所示。

第4步 进入到迅雷的主界面中，可以看到正在下载该资源，并显示下载的文件大小、下载速度等信息，用户需要在线等待一段时间，如图 8-68 所示。

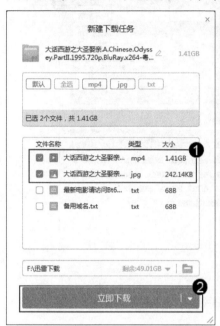

图 8-67

图 8-68

第5步 完成下载后，打开下载资源所在的目录，可以看到已经完成下载的资源，这样即可完成使用 P2PSearcher 配合迅雷下载网上资源的操作，如图 8-69 所示。

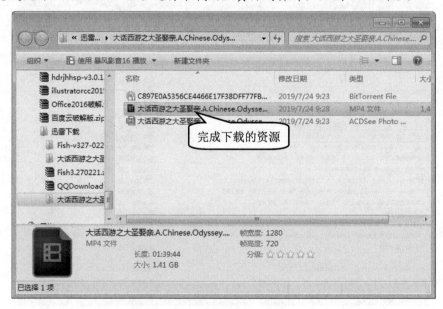

图 8-69

智慧锦囊

　　在使用迅雷下载软件正在下载电影资源的过程中，直接单击【播放】按钮 ▷，用户可以一边播放该电影，一边下载该电影。

8.5　实践案例与上机指导

　　通过本章的学习，读者基本可以掌握文件下载与传输工具的基本知识以及一些常见的操作方法，下面通过练习一些案例操作，以达到巩固学习、拓展提高的目的。

↑扫码看视频

8.5.1　使用迅雷影音看下载电影资源

　　迅雷影音应用便捷，用户只需搜索需要的视频资源链接，就可以进行播放观看。而且迅雷影音播放器功能强大，拥有丰富的视频资源，可以让用户边下载边看，为用户带来高清的视频播放体验。下面详细介绍使用迅雷影音看下载电影资源的操作方法。

　　第1步 打开迅雷影音软件程序，**1.** 在文本框中输入准备观看的电影资源链接地址，**2.** 单击【边下边播】按钮 ▷ 边下边播，如图8-70所示。

　　第2步 进入到【正在缓冲】界面，显示缓冲速度和缓冲的百分比，用户需要在线等待一段时间，如图8-71所示。

图 8-70

图 8-71

第3步 缓冲完毕后，即可自动进行播放该电影，这样即可完成使用迅雷影音看下载电影资源的操作，如图8-72所示。

高人指点 我找回了血脉

图 8-72

8.5.2 设置 BitComet 任务下载完成时播放提示音

使用 BitComet 软件下载文件时，若不希望一直值守在电脑前，可以通过设置下载完成提示音，来得知文件已下载完毕，下面详细介绍设置下载完成提示音的操作方法。

第1步 打开【BitComet】软件，**1.** 单击菜单栏中的【工具】菜单，**2.** 在弹出的菜单中选择【选项】菜单项，如图8-73所示。

第2步 弹出【选项】对话框，**1.** 在列表框中选择【任务设置】列表项，**2.** 在【任务下载完成时】区域中，选择【任务下载完成时播放提示音】复选项，**3.** 单击【确定】按钮 确定 ，这样即可设置 BitComet 任务下载完成时播放提示音的操作，如图8-74所示。

图 8-73

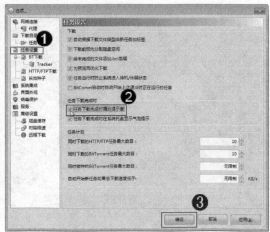

图 8-74

8.5.3　彻底删除迅雷下载任务

下载任务在清除垃圾的时候不会自动清理，在电脑里保存多了会占用内存，影响运行速度，下面详细介绍彻底删除迅雷下载任务的操作方法。

第 1 步　打开迅雷软件，*1.* 选择准备彻底删除的下载任务，*2.* 单击工具栏中的【更多】按钮……，*3.* 在弹出的菜单中选择【彻底删除任务】菜单项，如图 8-75 所示。

图 8-75

第 2 步　弹出【您确定要删除此任务吗？】对话框，*1.* 选择【同时删除文件】复选框，*2.* 单击【确定】按钮 确定 ，如图 8-76 所示。

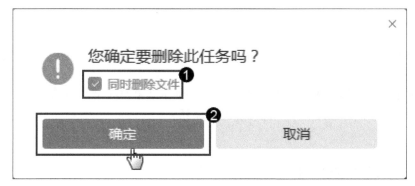

图 8-76

第 3 步　返回到迅雷软件主界面，可以看到选择的下载任务已被彻底删除，这样即可完成彻底删除迅雷下载任务的操作，如图 8-77 所示。

图 8-77

8.6 思考与练习

1. 填空题

(1) 有时候，用户需要下载网页中的一系列文件，但苦于网站并没有提供打包下载，这种情况下，如果这些文件的命名具备一定规则，可以使用快车的_____功能来快速下载需要的文件。

(2) 迅雷软件提供了_____功能，以保证在下载文件的同时不影响其他工作。

(3) 除了下载 BT 资源之外，有时候用户还想自己发布一些资源，这个时候就可以动手制作_____。

2. 判断题

(1) 在使用迅雷软件下载文件的时候，可以开启免打扰功能，避免在进行全屏操作的时候提示迅雷下载信息。   (   )

(2) 用户在使用 BitComet 下载网络文件时，如果正在观看视频或者其他的网络操作，此时可以限制文件下载速度，从而使观看更加流畅。   (   )

3. 思考题

(1) 如何在迅雷中搜索与下载文件？

(2) 如何使用 BitComet 制作 Torrent 文件？

新起点
电脑教程

第 9 章

系统维护与测试工具

本章要点

- 📖 Windows 优化大师
- 📖 鲁大师
- 📖 硬件检测软件

本章主要内容

本章主要介绍 Windows 优化大师方面的知识与技巧，同时还讲解了鲁大师的使用方法，在本章的最后还针对实际的工作需求，讲解了一些硬件检测软件的使用方法。通过本章的学习，读者可以掌握系统维护与测试工具方面的知识，为深入学习计算机常用工具软件知识奠定基础。

9.1 Windows 优化大师

Windows 优化大师是一款功能全面的计算机清理优化工具。使用 Windows 优化大师，能够有效地帮助用户了解自己的计算机软硬件信息，为用户的系统提供全面有效、简便安全的优化，让电脑系统始终保持在最佳状态，本节将详细介绍 Windows 优化大师的相关知识及使用方法。

↑ 扫码看视频

9.1.1 优化磁盘缓存

磁盘缓存优化，是指对 Windows 的磁盘缓存空间进行人工设定来减少系统计算磁盘缓存空间的时间，保证其他程序对内存的需求，节省大量的等待时间，起到性能提升的作用。下面详细介绍优化磁盘缓存的操作方法。

第1步 启动并运行 Windows 优化大师，**1.** 选择【系统优化】选项卡，**2.** 选择【磁盘缓存优化】选项，**3.** 拖动右侧窗口的滑块，设置输入/输出缓存大小和内存性能配置，**4.** 选择右侧窗口下方准备使用的复选框，**5.** 单击【优化】按钮 优化 ，如图 9-1 所示。

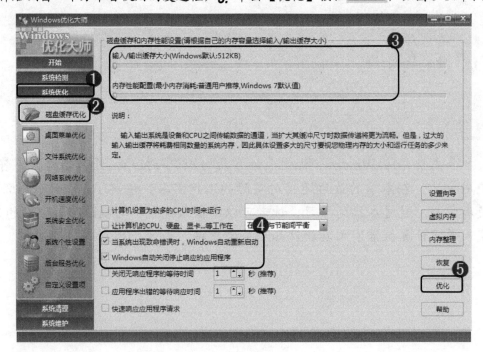

图 9-1

第2步 这样即可优化磁盘缓存，窗口下方的状态条中显示"磁盘缓存优化完毕"

信息，如图 9-2 所示。

磁盘缓存优化完毕。

图 9-2

9.1.2　优化桌面菜单

使用 Windows 优化大师可以很方便地设置向导优化桌面菜单，下面详细介绍优化桌面菜单的相关操作方法。

第 1 步　启动并运行 Windows 优化大师，*1.* 选择【系统优化】选项卡，*2.* 选择【桌面菜单优化】选项，*3.* 调节右侧窗口上方的滑块，分别设置开始菜单速度、菜单运行速度和桌面图标缓存，*4.* 单击【设置向导】按钮 设置向导 ，如图 9-3 所示。

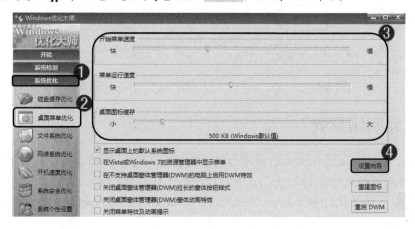

图 9-3

第 2 步　弹出【桌面优化设置向导】对话框，显示欢迎界面，单击【下一步】按钮 下一步 ，如图 9-4 所示。

第 3 步　进入【优化设置】界面，*1.* 选择准备使用的设置，如选择【最高性能设置】单选框，*2.* 单击【下一步】按钮 下一步 ，如图 9-5 所示。

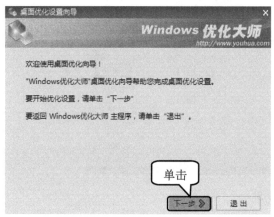

图 9-4

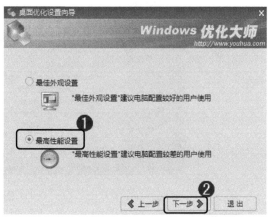

图 9-5

第4步 进入【"最高性能优化"的内容】界面，显示准备优化的内容，单击【下一步】按钮 下一步，如图9-6所示。

第5步 进入【桌面优化向导完成】界面，**1.** 选择【是否进行桌面优化】复选框，**2.** 单击【完成】按钮 完成，如图9-7所示。

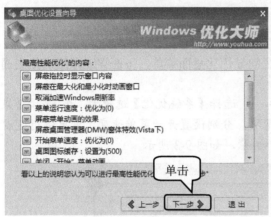

图 9-6

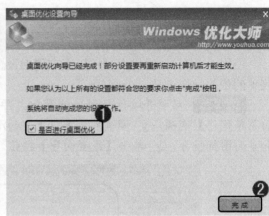

图 9-7

9.1.3 优化网络系统

用户使用 Windows 优化大师软件提供的自动优化向导，能够根据检测分析得到的用户电脑软、硬件配置信息进行自动优化，下面详细介绍优化网络系统的操作方法。

第1步 启动并运行 Windows 优化大师，**1.** 选择【系统优化】选项卡，**2.** 选择【网络系统优化】选项，**3.** 单击【设置向导】按钮 设置向导，如图9-8所示。

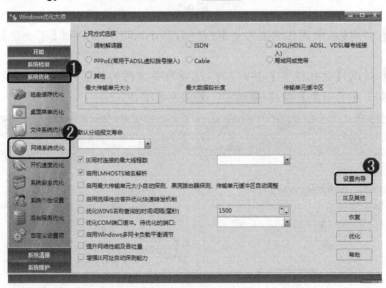

图 9-8

第2步 弹出【Wopti 网络系统自动优化向导】对话框，单击【下一步】按钮 下一步，如图 9-9 所示。

第 3 步　进入【选择上网方式】界面，*1.* 选择个人上网方式，如选择【局域网或宽带】单选框，*2.* 单击【下一步】按钮 下一步 ，如图 9-10 所示。

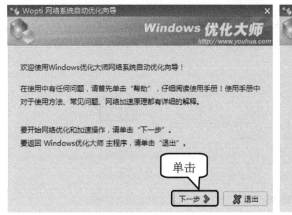
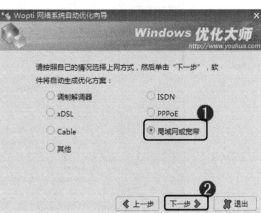

图 9-9　　　　　　　　　　　　　　　　　　图 9-10

第 4 步　进入【优化组合方案】界面，显示优化组合方案的具体信息，单击【下一步】按钮 下一步 ，如图 9-11 所示。

第 5 步　进入【优化完成】界面，显示需重启才能使优化生效信息，重启电脑即可优化网络系统，如图 9-12 所示。

图 9-11　　　　　　　　　　　　　　　　　　图 9-12

9.1.4　优化文件系统

使用 Windows 优化大师的优化文件系统功能，可以优化文件类型、CD/CDROM 的缓存文件和预读文件、交换文件和多媒体应用程序并加快软驱的读写速度，下面详细介绍优化文件系统的操作方法。

第 1 步　启动并运行 Windows 优化大师，*1.* 选择【系统优化】选项卡，*2.* 选择【文件系统优化】选项，*3.* 单击【设置向导】按钮 设置向导 ，如图 9-13 所示。

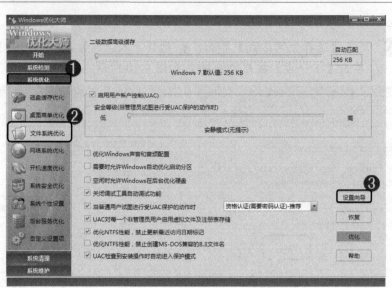

图 9-13

第2步 弹出【文件系统优化向导】对话框，单击【下一步】按钮 下一步≫，如图 9-14 所示。

第3步 进入【设置方式】界面，*1.* 选择个人需要的设置方式，如选择【最高性能设置】单选框，*2.* 单击【下一步】按钮 下一步≫，如图 9-15 所示。

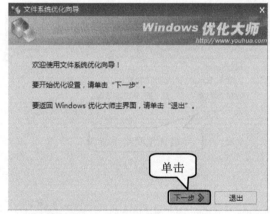

图 9-14

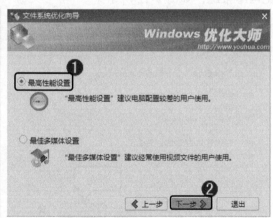

图 9-15

第4步 进入【"最高性能优化"的内容】界面，显示进行优化的具体内容，单击【下一步】按钮 下一步≫，如图 9-16 所示。

第5步 进入【优化完成】界面，显示需重启才能使优化生效信息，重启电脑即可优化文件系统，*1.* 选择【是否进行文件系统优化】单选框，*2.* 单击【完成】按钮 完成，如图 9-17 所示。

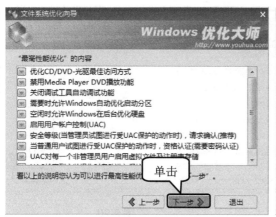

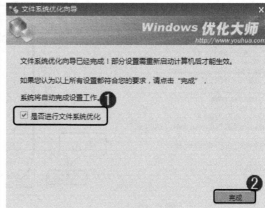

图 9-16　　　　　　　　　　　　　　　　　图 9-17

9.1.5　优化系统安全

电脑的系统安全是十分重要的，使用 Windows 优化大师可以使用户的系统更加安全地优化，下面详细介绍优化系统安全的操作方法。

第 1 步　启动并运行 Windows 优化大师，*1.* 选择【系统优化】选项卡，*2.* 选择【系统安全优化】选项，*3.* 在【分析及处理选项】区域选择准备分析处理的复选框，*4.* 单击【分析处理】按钮 `分析处理`，如图 9-18 所示。

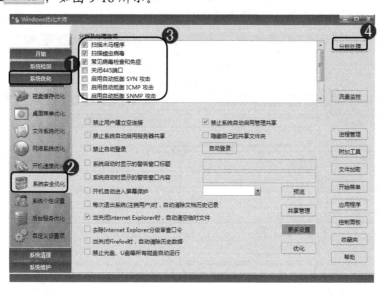

图 9-18

第 2 步　弹出【安全检查】对话框，自动分析并检查文件，完毕后，单击【关闭】按钮 `关闭`，如图 9-19 所示。

第 3 步　返回主程序窗口，在右侧窗口下方，*1.* 选择准备优化的复选框，*2.* 单击【优化】按钮 `优化`，这样即可优化系统安全，如图 9-20 所示。

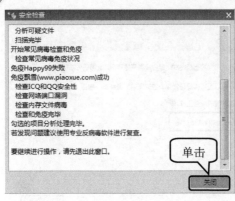

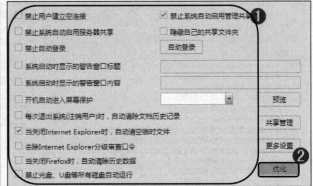

图 9-19   图 9-20

9.1.6 优化开机速度

如果电脑开机速度缓慢，运行不流畅，那么可以使用 Windows 优化大师优化开机速度，使不需要的项目开机不自动运行，下面详细介绍优化开机速度的操作方法。

第 1 步 启动并运行 Windows 优化大师，*1.* 选择【系统优化】选项卡，*2.* 选择【开机速度优化】选项，*3.* 在【启动信息停留时间】区域中拖动滑块，设置启动信息的快慢速度，*4.* 在滑块下方的区域中，分别选择默认启动的操作系统、需要时显示恢复选项的时间、系统启动预读方式和等待启动磁盘错误检查时间，*5.* 在【请勾选开机时不自动运行的项目】区域中选择准备应用的复选框，*6.* 单击【优化】按钮 优化 ，如图 9-21 所示。

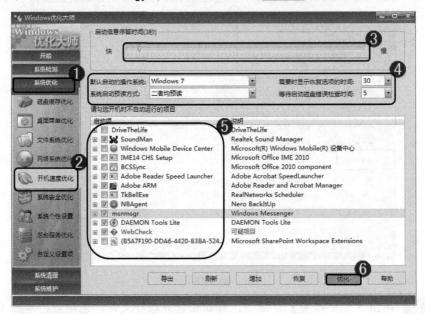

图 9-21

第 2 步 在【请勾选开机时不自动运行的项目】区域中刚刚选中的项目已经不存在，这样即可优化开机速度，如图 9-22 所示。

图 9-22

知识精讲

　　启动 Windows 优化大师程序后，选择【系统优化】选项卡，其中有磁盘缓存优化、桌面菜单优化、文件系统优化、网络系统优化、开机速度优化、系统安全优化、系统个性设置和后台服务优化等能够优化的方方面面，并向用户提供简便的自动优化向导，能够根据检测分析得到的用户电脑软、硬件配置信息进行自动优化。

9.2 鲁 大 师

　　鲁大师是国内一款专业优秀的硬件检测工具，适用于各种品牌台式机、笔记本电脑、手机、平板的硬件测试，实时的关键性部件的监控预警，全面的电脑硬件信息，能有效预防硬件故障，本节将详细介绍鲁大师的相关知识及操作方法。

↑ 扫码看视频

9.2.1 电脑综合性能评分

　　鲁大师的性能测试功能用来全面测试电脑性能，包括处理器测试、显卡测试、内存测试和磁盘测试，测试后会有评分，评分越高说明电脑的性能越好。下面详细介绍电脑性能测试的操作方法。

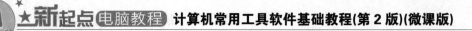

第1步 启动并运行【鲁大师】软件，**1.** 单击【性能测试】按钮，**2.** 选择【电脑性能测试】选项卡，**3.** 单击【开始评测】按钮，如图 9-23 所示。

第2步 进入到【正在检测】界面，用户在线等待一段时间，系统会自动依次对处理器性能、显卡性能、内存性能和磁盘性能进行测试评分，如图 9-24 所示。

图 9-23   图 9-24

第3步 完成测试后，用户就可以看到电脑的综合性能、处理器性能、显卡性能、内存性能和磁盘性能的评分了，如图 9-25 所示。

图 9-25

9.2.2　电脑硬件信息检测

使用鲁大师进行电脑硬件信息检测，会详细显示用户计算机的硬件配置信息，可以检测以下详细的硬件信息：处理器信息、主板信息、内存信息、硬盘信息、显卡信息、显示器信息、光驱信息、网卡信息、声卡信息、键盘和鼠标信息等。

使用鲁大师进行电脑硬件信息检测的操作十分简单。①单击【硬件检测】按钮，②选择准备进行检测的硬件选项卡，即可查看硬件信息，如图 9-26 所示为处理器信息检测。

图 9-26

智慧锦囊

　　使用鲁大师在进行电脑硬件信息检测后，用户可以单击右上角的【复制信息】链接，然后可以将信息粘贴到记事本或者给 QQ 好友发送自己电脑的信息。

9.2.3　温度管理

　　电脑使用一段时间之后会出现温度稍高的问题，鲁大师可以对电脑的硬件信息有一个清晰的检测，从而进行温度管理，下面详细介绍使用鲁大师进行温度管理的操作方法。

　　第 1 步　启动【鲁大师】软件，单击【温度管理】按钮，如图 9-27 所示。

　　第 2 步　进入到【温度管理】界面，选择【温度监控】选项卡，在这里用户可看到电脑各硬件的温度以及散热情况，将右侧的【高温报警】开启，当温度过高时，系统会进行报警提示，如图 9-28 所示。

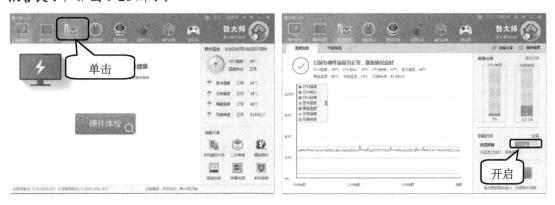

图 9-27　　　　　　　　　　　　　　　　　图 9-28

第3步 选择【节能降温】选项卡，在这里有多种降温模式供用户选择。每一个模式的效果是不一样的，用户可以根据需要进行选择，如图 9-29 所示。

图 9-29

9.2.4 清理优化

鲁大师的功能也很丰富，用户还可以使用它优化清理系统，从而提升电脑的运行速度。下面详细介绍清理优化的操作方法。

第1步 启动【鲁大师】软件，在主界面中单击【清理优化】按钮，如图 9-30 所示。

第2步 进入到【清理优化】界面，鲁大师独创三项清理优化项，单击【开始扫描】按钮，如图 9-31 所示。

图 9-30   图 9-31

第3步 进入到【清理扫描】界面中，用户需要在线等待一段时间，如图 9-32 所示。

第4步 扫描结束后，会显示扫描出的垃圾文件信息，单击【一键清理】按钮 ，如图 9-33 所示。

图 9-32   图 9-33

第5步 进入到【正在清理和优化您的电脑】界面，用户需要在线等待一段时间，如图 9-34 所示。

第6步 进入到【清理完成】界面，显示完成清理信息。通过以上步骤即可完成使用鲁大师进行清理优化的操作，如图 9-35 所示。

图 9-34   图 9-35

9.3 硬件检测软件

　　一般电脑的主要用途为播放视频、处理图片、玩游戏以及访问互联网等，因此对以上应用进行检测，可以判断电脑性能是否满足使用要求。本节将详细介绍一些硬件检测软件的相关知识及使用方法。

↑ 扫码看视频

9.3.1 检测 CPU 性能——CPU-Z

CPU-Z 是一款很好的 CPU 检测软件,是检测 CPU 使用程度的一款软件。另外,它具有主板、内存和内存双通道检测功能。下面详细介绍 CPU-Z 的使用方法。

第 1 步 打开【CPU-Z】软件,在【处理器】选项卡中可以很直观地看到 CPU 的相关信息,包括名字、Logo、指令集和核心电压等,如图 9-36 所示。

第 2 步 在【缓存】选项卡中,可以看到一级数据缓存、一级指令缓存和二级缓存等的相关信息,如图 9-37 所示。

图 9-36

图 9-37

第 3 步 在【主板】选项卡中,可以看到主板、BIOS 和图形接口的相关信息,如图 9-38 所示。

第 4 步 在【内存】选项卡中,可以看到常规和时序的相关信息,如图 9-39 所示。

图 9-38

图 9-39

第5步 在【显卡】选项卡中，可以看到显卡名称、代号、工艺、显存等相关信息，如图 9-40 所示。

第6步 在【测试分数】选项卡中，单击【测试处理器分数】按钮 测试处理器分数 ，即可测试处理器的运行分数，如图 9-41 所示。

图 9-40

图 9-41

9.3.2　硬盘检测——HD Tune

HD Tune 是一款小巧易用的硬盘工具软件，其主要功能有硬盘传输速率检测，健康状态检测，温度检测，以及磁盘表面扫描存取时间、CPU 占用率检测。另外，还能检测出硬盘的固件版本、序列号、容量、缓存大小以及当前的 Ultra DMA 模式等。下面详细介绍使用 HD Tune 进行硬盘检测的操作方法。

第1步 打开【HD Tune】软件，**1.** 选择【基准测试】选项卡，**2.** 单击【开始】按钮 开始 ，如图 9-42 所示。

第2步 完成检测后，可以看到硬盘的传输速率、存取时间和 CPU 占用率等相关信息，如图 9-43 所示。

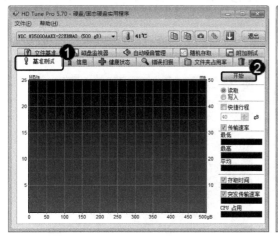

图 9-42

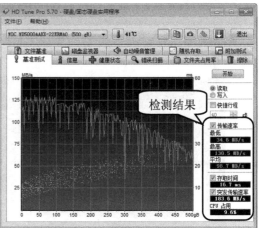

图 9-43

智慧锦囊

打开【HD Tune】软件，选择【错误扫描】选项卡，然后单击【开始】按钮 开始
即可进行硬盘错误扫描。绿色小方块表示硬盘好的部分(没有出现坏道)，红色小方块表示硬盘损坏有坏道的部分。扫描硬盘时间较长，用户需要耐心等待一下。

9.3.3　显卡检测——DisplayX

DisplayX 通常被叫作显示屏测试精灵。显示屏测试精灵是一款小巧的显示器常规检测软件和液晶显示器坏点、延迟时间检测软件，它可以在微软 Windows 全系列操作系统中正常运行。下面详细介绍使用 DisplayX 进行显示屏测试的操作方法。

第 1 步　启动 DisplayX 软件程序，单击【常规完全测试】菜单，如图 9-44 所示。

第 2 步　首先进行的是对比度检测，调节亮度，让色块都能显示出来，确保黑色不要变灰，如图 9-45 所示。

图 9-44

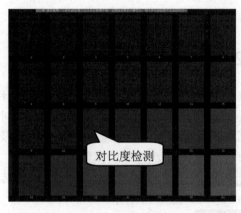

图 9-45

第 3 步　进入对比度(高)检测，能分清每个黑色和白色区域的显示器是上品，如图 9-46所示。

第 4 步　进入灰度检测，测试显示器的灰度还原能力，看到的颜色过渡越平滑越好，如图 9-47 所示。

图 9-46

图 9-47

第5步 进入 256 级灰度，测试显示器的灰度还原能力，最好让色块全部显示出来，如图 9-48 所示。

第6步 进入呼吸效应检测，单击鼠标时，画面在黑色和白色之间过渡时，如看到画面边界有明显的抖动则不好，不抖动则为好，如图 9-49 所示。

图 9-48

图 9-49

第7步 进入几何形状检测，调节控制台的几何形状，确保不变形，如图 9-50 所示。

第8步 测试 CRT 显示器的聚焦能力，需要特别注意四个边角的文字，各个位置越清晰越好，如图 9-51 所示。

图 9-50

图 9-51

第9步 进入纯色检测，主要检测 LCD 坏点，共有黑、红、绿、蓝等多种纯色显示，很方便查出坏点，如图 9-52 所示。

第10步 进入交错检测，用于查看显示器效果的干扰效果，如图 9-53 所示。

图 9-52

图 9-53

第11步 进入锐利检测，好的显示器可以分清边缘的每一条线，如图9-54所示。

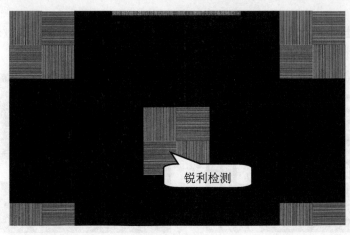

锐利检测

图9-54

9.3.4 U盘扩容检测——MyDiskTest

MyDiskTest检测工具对U盘的扩容检测非常到位，对坏块的扫描非常完善，而且还能测试U盘的运行速度，是用户应该常备的U盘性能测试工具。下面详细介绍MyDiskTest的相关操作方法。

第1步 启动并进入MyDiskTest主界面，软件会提示备份数据，如图9-55所示。

第2步 插入磁盘后，MyDiskTest会自行侦测出所有插入的可移动磁盘，*1.* 选择准备要检测的磁盘，*2.* 选择【快速扩容测试】单选项，*3.* 单击【开始测试】按钮 [开始测试]，如图9-56所示。

提示

图9-55

图9-56

第3步 进入【正在进行快速扩容测试】界面，显示设备名称、报告容量、文件系统等信息，用户需要在线等待一段时间，如图9-57所示。

第4步 完成检测后，会显示测试结果，这样即可完成U盘扩容检测的操作，如图9-58所示。

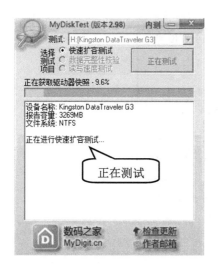
图 9-57

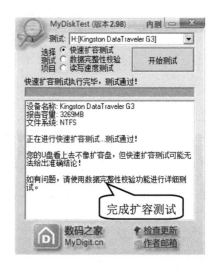
图 9-58

9.3.5　内存检测——MemTest

MemTest 是一款内存检测软件，可以检测内存的稳定度，它可以通过长时间运行彻底检测内存的稳定性，同时测试内存的储存与检索数据的能力，让用户明确自己内存的可靠性。下面将详细介绍使用 MemTest 进行内存检测的操作方法。

第 1 步 打开 MemTest 程序窗口，在【请输入要测试的内存大小】区域单击【开始测试】按钮 开始测试 ，如图 9-59 所示。

第 2 步 弹出【首次使用提示信息】对话框，认真阅读该提醒，单击【确定】按钮 确定 ，如图 9-60 所示。

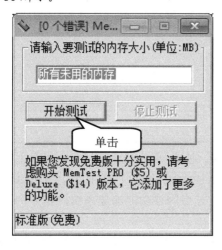
图 9-59

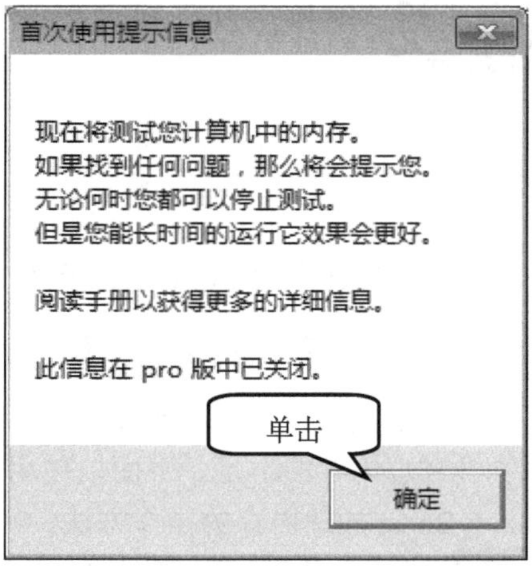

图 9-60

第 3 步 在窗口下方显示内存覆盖率，一般情况下，如果用户的内存超过 100%的覆盖，出现问题的可能性不大，这样即可使用 MemTest 进行内存检测，如图 9-61 所示。

图 9-61

智慧锦囊

如果 MemTest 发现任何问题，它将会停止并让用户知道。运行 MemTest 的时间越长，检测的结果就越准。

9.4 实践案例与上机指导

通过本章的学习，读者基本可以掌握系统维护与测试工具的基本知识以及一些常见的操作方法，下面通过练习一些案例操作，以达到巩固学习、拓展提高的目的。

↑扫码看视频

9.4.1 使用 ReadyBoost 加速内存

Windows 7 操作系统提供了 ReadyBoost 特性，它是一种通过使用 USB 闪存上的存储空间来提高计算机速度的技术。只要插入符合 ReadyBoost 标准的 USB 闪存，就可以当作系统缓存，以弥补物理内存的不足。下面以使用 U 盘开启闪存功能加速系统操作为例，详细介绍使用 ReadyBoost 加速内存的操作方法。

第 1 步 将符合 ReadyBoost 标准的 U 盘插入计算机 USB 接口，打开【计算机】窗口，1. 使用鼠标右键单击【可移动磁盘(H:)】，2. 在弹出的快捷菜单中选择【属性】菜单项，如图 9-62 所示。

第 2 步 弹出【可移动磁盘属性】对话框，1. 选择【ReadyBoost】选项卡，2. 选择【使用这个设备】单选项，3. 拖动滑块设置用于加速系统速度的保留空间，4. 单击【确定】

按钮 确定 ，如图 9-63 所示。

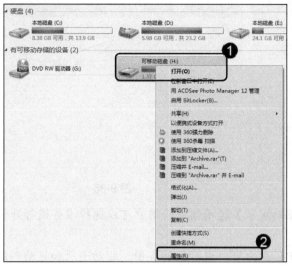

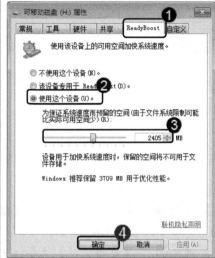

图 9-62　　　　　　　　　　　　　　　　图 9-63

第 3 步 这时系统会在 USB 闪存中创建一个指定大小的缓存文件，文件名为【Ready Boost】，通过以上步骤即可完成使用 ReadyBoost 加速内存的操作，如图 9-64 所示。

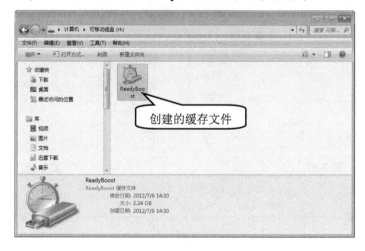

图 9-64

9.4.2　用鲁大师进行驱动检测

使用鲁大师，用户还可以进行驱动检测，从而让自己电脑里的驱动保持在最稳定、最新版本的状态，下面详细介绍其操作方法。

第 1 步 启动【鲁大师】软件，在主界面中单击【驱动检测】按钮，如图 9-65 所示。

第 2 步 弹出【驱动检测】对话框，显示"正在从服务器获取信息"，用户需要在线等待一段时间，如图 9-66 所示。

图 9-65   图 9-66

第 3 步 获取信息结束后,在【驱动安装】选项组中,用户可以选择准备进行升级的驱动进行安装,如图 9-67 所示。

第 4 步 在【驱动管理】选项组中,用户可以进行驱动备份、驱动还原和驱动卸载等操作,如图 9-68 所示。

图 9-67   图 9-68

智慧锦囊

在使用鲁大师进行电脑综合性能测试时,请勿使用其他程序,否则会影响整体测试效果与最后得分。

9.4.3 使用 Windows 优化大师给文件加密

为防止重要的文件泄露,用户可以使用 Windows 优化大师给文件加密,从而让用户的重要文件得到有效的保护。下面具体介绍其操作方法。

第 1 步 启动 Windows 优化大师,**1.** 打开【开始】选项卡,**2.** 选择【优化工具箱】选项,**3.** 单击【优化大师】区域中的【文件加密/解密】按钮,如图 9-69 所示。

图 9-69

第 2 步　弹出【Wopti 文件加密】窗口，**1.** 在窗口下方选择准备加密文件的文件夹，**2.** 选择准备加密的文件，如图 9-70 所示。

第 3 步　选中并拖动准备加密的文件至窗口上方空白处，如图 9-71 所示。

图 9-70

图 9-71

第 4 步　拖动完文件后，**1.** 在【密码】区域输入准备使用的密码，并按键盘上的 Enter 键，**2.** 单击【加密】按钮，如图 9-72 所示。

第 5 步　弹出【Wopti 文件加密】窗口，显示被加密的文件及密码。单击【确定】按钮，即可完成使用 Windows 优化大师给文件加密的操作，如图 9-73 所示。

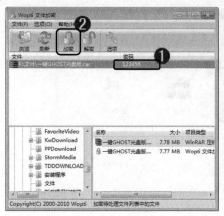

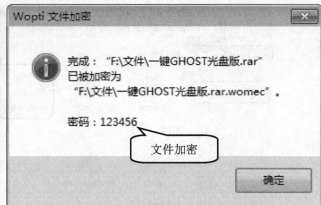

图 9-72   图 9-73

9.5 思考与练习

1. 填空题

(1) _____，是指对 Windows 的磁盘缓存空间进行人工设定来减少系统计算磁盘缓存空间的时间，保证其他程序对内存的需求，节省大量的等待时间，起到性能提升的作用。

(2) 鲁大师的性能测试功能是用来全面测试电脑性能的功能，包括_____、显卡测试、内存测试和_____，测试后会有评分，评分越高说明电脑的性能越好。

(3) MemTest 是一款_____软件，可以检测内存的稳定度，它可以通过长时间运行彻底检测内存的稳定性，同时测试内存的储存与检索数据的能力，让用户明确自己内存的可靠性。

2. 判断题

(1) 用户使用 Windows 优化大师软件提供的自动优化向导，能够根据检测分析得到的用户电脑软、硬件配置信息进行自动优化。   (   )

(2) HD Tune 是一款很好的 CPU 检测软件，是检测 CPU 使用程度最高的一款软件。另外，它具有主板、内存和内存双通道检测功能。   (   )

(3) MyDiskTest 检测工具对 U 盘的扩容检测非常到位，对坏块的扫描非常完善，而且还能测试 U 盘的运行速度，是用户应该常备的 U 盘性能测试工具。   (   )

3. 思考题

(1) 如何使用 Windows 优化大师优化磁盘缓存？

(2) 如何使用鲁大师进行电脑综合性能评分？

第10章

网络云办公

本章主要内容

　　本章主要介绍坚果云方面的知识与使用技巧，同时还讲解了使用百度网盘的方法，在本章的最后还针对实际的工作需求，讲解了 360 云盘的使用方法。通过本章的学习，读者可以掌握网络云办公方面的知识，为深入学习计算机常用工具软件知识奠定基础。

10.1 坚 果 云

坚果云是一款便捷、安全的专业网盘产品,通过文件自动同步、共享、备份功能,为用户实现智能文件管理提供高效办公解决方案。坚果云产品分为面向个人用户的免费版、专业版和面向企业/团队用户的团队版(公有云)、企业版(私有云),满足用户的不同需求。本节将详细介绍坚果云的相关知识。

↑ 扫码看视频

10.1.1 同步文件

同步是将一台设备上的文件,保存到另外设备的过程。同步可保证两台设备上文件内容一模一样。同步文件夹是指其下文件将被自动保存到坚果云的文件夹。下面详细介绍同步文件的操作方法。

第1步 启动坚果云应用程序,单击下方的【创建同步文件夹】按钮,如图 10-1 所示。

第2步 弹出【创建同步文件夹】对话框,**1.** 打开准备进行同步的文件夹,**2.** 将其拖曳到【创建同步文件夹】对话框中的拖曳区域,如图 10-2 所示。

图 10-1

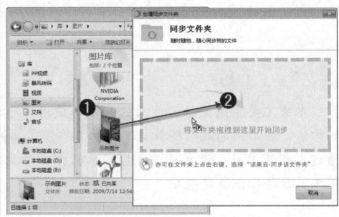

图 10-2

第3步 进入下一界面,提示"同步准备就绪"信息,单击【确定】按钮 确定 ,如图 10-3 所示。

第4步 进入到【文件夹已开始同步】界面,单击【完成】按钮,即可完成同步文件的操作,如图 10-4 所示。

图 10-3　　　　　　　　　　　　　　　　　　图 10-4

10.1.2　邀请他人同步

如果用户和同事在一个项目组或部门，需要频繁地交换文件，那么就可以使用坚果云邀请他人同步。坚果云会把用户的文件夹同步到服务器中，同时也可以把文件夹同步到用户同事的电脑中。这样，用户和同事电脑上都会有一个一模一样的文件夹。下面详细介绍邀请他人同步的操作方法。

第 1 步　将鼠标指针移动至准备邀请他人同步的文件夹上，在该文件夹右侧会出现功能按钮，单击【多人同步】按钮 👤，如图 10-5 所示。

第 2 步　弹出【设置共享权限】对话框，*1.* 在文本框中输入准备邀请的用户账号，*2.* 单击【添加】按钮 添加 ，如图 10-6 所示。

图 10-5　　　　　　　　　　　　　　　　　　图 10-6

第3步 此时可以看到所添加的用户账号，*1.* 选择添加的账号，*2.* 单击【确定】按钮 确定，如图 10-7 所示。

第4步 弹出【邮件通知】对话框，提示"已向朋友发送邀请邮件，受邀者接受邀请后，您将收到邮件通知"信息，单击【确定】按钮 确定，当受邀者接受邀请后，即可查看并编辑所同步的文件夹内容，这样即可完成邀请他人同步的操作，如图 10-8 所示。

图 10-7

图 10-8

10.1.3 同步文件夹的权限设置

坚果云拥有非常灵活的权限控制机制。通过对文件夹进行权限设置，可以实现协同办公时可能存在的一切文件共享场景。坚果云一共有四种权限：上传和下载、仅下载、仅上传、仅预览。用户可以根据实际需要来设置权限。

第1步 将鼠标指针移动至准备设置权限的文件夹上，在该文件夹右侧会出现功能按钮，单击【管理】按钮 ⚙，如图 10-9 所示。

第2步 弹出【同步文件夹】对话框，*1.* 使用鼠标右键单击准备设置的文件夹，*2.* 在弹出的快捷菜单中选择【设置】菜单项，如图 10-10 所示。

图 10-9   图 10-10

第3步 进入到下一界面，单击右侧的【通讯录】按钮 ![通讯录]，如图 10-11 所示。

第4步 弹出【通讯录】对话框，**1.** 选择准备添加的成员，**2.** 单击【确定】按钮 ![确定]，即可完成用户的批量添加，如图 10-12 所示。

图 10-11

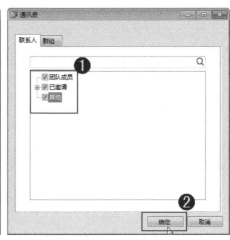

图 10-12

第5步 **1.** 使用鼠标右键单击准备设置权限的账号，**2.** 在弹出的快捷菜单中选择【访问权限】菜单项，**3.** 选择准备设置的权限，如选择"仅预览"，如图 10-13 所示。

第6步 此时可以看到已经将所选择的账号设置权限为"仅预览"，单击【确定】按钮 ![确定]，即可完成同步文件夹权限设置的操作，如图 10-14 所示。

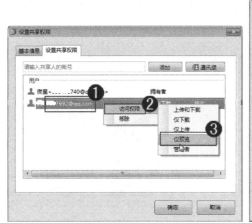

图 10-13

图 10-14

10.1.4　在线查看与编辑文件

用户在同步文件夹里面放进去一个文件，这个文件就会出现在邀请的同事电脑上。同事修改了里面的文件，用户电脑里面的这个文件也会跟着修改。下面详细介绍在线查看与编辑文件的操作方法。

第1步 启动并运行【坚果云】程序，单击准备进行查看修改的同步文件夹，如图 10-15 所示。

第2步 此时打开该文件夹窗口，这样即可完成查看同步文件，如图 10-16 所示。

图 10-15　　　　　　　　　　　　　　　　图 10-16

第3步 打开文件夹内容后，用户可以对其进行编辑，如重命名图片为"图片 2.jpg"，此时在该图片缩略图左侧会出现一个【同步】符号 ，如图 10-17 所示。

第4步 在线等待一段时间后，该图片缩略图左侧的【同步】符号 会变为 符号，表示已将该图片编辑并同步完成，如图 10-18 所示。

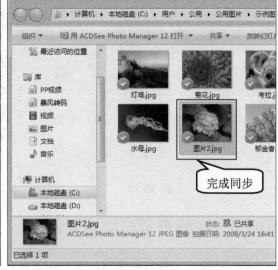

图 10-17　　　　　　　　　　　　　　　　图 10-18

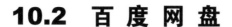

10.2　百 度 网 盘

百度网盘是百度推出的一项云存储服务，已覆盖主流 PC 和手机操作系统，用户可以通过百度网盘轻松地进行照片、视频、文档等文件的网络备份、同步和分享，空间大、速度快、安全稳固。本节将详细介绍百度网盘的相关知识及使用方法。

↑ 扫码看视频

10.2.1　百度网盘功能介绍

百度网盘个人版是百度面向个人用户的网盘存储服务，满足用户工作生活各类需求，下面详细介绍百度网盘的一些特色功能。

1. 超大空间

百度网盘提供 2TB 永久免费容量，可供用户存储海量数据。

2. 文件预览

百度网盘支持常规格式的图片、音频、视频、文档文件的在线预览，无须下载文件到本地即可轻松查看文件。

3. 视频播放

百度网盘支持主流格式视频在线播放。用户可根据自己的需求和网络情况选择"流畅"和"原画"两种模式。百度网盘 Android 版、iOS 版同样支持视频播放功能，让用户随时随地观看视频。

4. 离线下载

百度网盘 Web 版支持离线下载功能。通过使用离线下载功能，用户无须浪费个人宝贵时间，只需提交下载地址和种子文件，即可通过百度网盘服务器下载文件至个人网盘。

5. 在线解压缩

百度网盘 Web 版支持压缩包在线解压 500MB 以内的压缩包，查看压缩包内文件。同时，可支持 50MB 以内的单文件保存至网盘或直接下载。

6. 快速上传(会员专属)

百度网盘 Web 版支持最大 4GB 单文件上传，充值超级会员后，使用百度网盘 PC 版可上传最大 20GB 单文件。上传不限速；可进行批量操作，轻松便利。网络速度有多快，上传速度就有多快。同时，还可以批量操作上传，方便使用。

7. 限速下载(非会员专属)

百度网盘对非会员做了限速，非会员速度会远远慢于普通用户，大约在 100Kbps 左右。

10.2.2 分享文件

百度网盘可以给更多的人分享文件，每次会有一个链接和密码。当用户有百度网盘好友的时候，可以方便地给好友分享文件。下面详细介绍分享文件的操作方法。

第1步 启动并运行【百度网盘】应用程序，*1.* 选择准备分享的文件，*2.* 单击【分享】按钮 ，如图 10-19 所示。

第2步 弹出【分享文件】对话框，*1.* 选择【私密链接分享】选项卡，*2.* 选择准备分享的形式，这里选择【有提取码】单选项，*3.* 选择有效期，这里选择【7 天】单选项，*4.* 单击【创建链接】按钮 ，如图 10-20 所示。

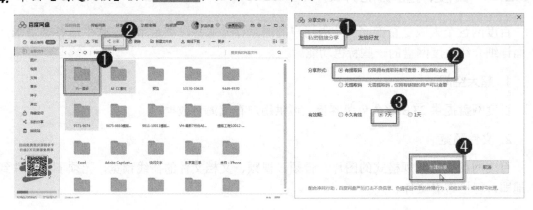

图 10-19   图 10-20

第3步 此时会提示"正在创建分享链接"，需要等待一段时间，如图 10-21 所示。

第4步 可以看到已经成功分享文件了，用户可以复制链接及提取码，或者复制二维码发给好友，让好友下载和保存分享的文件，如图 10-22 所示。

图 10-21   图 10-22

第 5 步 在【百度网盘】应用主界面，*1.* 选择【我的分享】选项卡，*2.* 可以看到刚刚分享的文件，如图 10-23 所示。

第 6 步 单击该文件，可以看到分享的链接和提取码，这样即可完成分享文件的操作，如图 10-24 所示。

图 10-23　　　　　　　　　　　　　　　　图 10-24

10.2.3　取消文件分享

用户将自己的文件分享后，如果准备不再分享该文件，可以取消分享，下面详细介绍取消文件分享的操作方法。

第 1 步 启动并运行【百度网盘】应用程序，*1.* 选择【我的分享】选项卡，*2.* 选择准备取消分享的文件，*3.* 单击【取消分享】按钮 ⊘ 取消分享 ，如图 10-25 所示。

第 2 步 弹出【系统提示】对话框，提示"取消分享链接将失效，确定不分享了吗？"信息，单击【取消分享】按钮 取消分享 ，如图 10-26 所示。

图 10-25　　　　　　　　　　　　　　　　图 10-26

第3步 返回到【我的分享】界面中，此时会提示"取消外链分享成功"，如图 10-27 所示。

第4步 在【我的分享】界面中可以看到已经将选择的分享文件取消分享了，这样即可完成取消文件分享的操作，如图 10-28 所示。

图 10-27

图 10-28

10.3 360 云盘

360 云盘是奇虎 360 科技有限公司的分享式云存储服务产品，它为广大普通网民提供了存储容量大、免费、安全、便携、稳定的跨平台文件存储、备份、传递和共享服务。本节将详细介绍 360 云盘的相关知识及使用方法。

↑ 扫码看视频

10.3.1 上传与下载文件

使用 360 云盘上传文件可以保存在网盘上，这样就可以方便在异地使用文件，也可以避免装系统不小心把文件弄丢。用户还可以轻松地下载 360 云盘上的文件，从而方便在电脑中使用。下面详细介绍上传与下载文件的操作方法。

第1步 启动并运行【360 安全云盘】应用程序，**1.** 选择【我的文件】选项卡，**2.** 选择【所有文件】选项，**3.** 单击【上传文件】按钮 上传文件，如图 10-29 所示。

第2步 弹出【打开】对话框，**1.** 选择准备上传的文件，**2.** 单击【添加到云盘】按钮 添加到云盘，如图 10-30 所示。

图 10-29　　　　　　　　　　　　　　　　　图 10-30

第 3 步　返回到【我的文件】界面中，在界面最下方可以看到"所有文件已经传输完成，秒传 1 个文件"信息，选择【传输列表】选项，如图 10-31 所示。

图 10-31

第 4 步　进入到【传输列表】界面中，选择【已完成】选项卡，可以看到已经完成上传的文件，这样即可完成上传文件的操作，如图 10-32 所示。

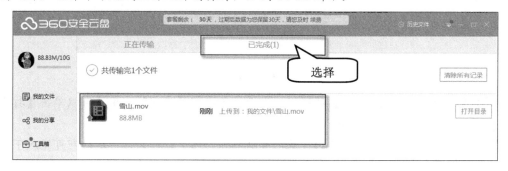

图 10-32

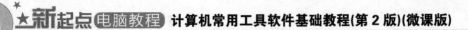

第5步 返回到【我的文件】界面中，**1.** 选择准备进行下载的文件，**2.** 单击【下载】按钮 下载，如图 10-33 所示。

第6步 弹出【浏览文件夹】对话框，**1.** 选择准备保存文件的位置，**2.** 单击【确定】按钮 确定，如图 10-34 所示。

图 10-33

图 10-34

第7步 弹出【下载文件-360 安全云盘】对话框，提示正在下载的项目进度以及大小，用户需要在线等待一段时间，如图 10-35 所示。

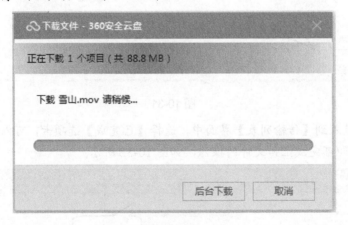

图 10-35

第8步 弹出【下载完成】对话框，提示"已经下载完成"，用户可以单击【打开文件夹】按钮 打开文件夹，如图 10-36 所示。

第9步 打开下载文件所在的目录，可以看到已经下载的文件，这样即可完成下载文件的操作，如图 10-37 所示。

图 10-36　　　　　　　　　　　　　　　　图 10-37

10.3.2　文件保险箱

在使用 360 云盘的时候，为了更好地保护用户的隐私，可以将一些文件放在保险箱中。用户可以使用 360 云盘保险箱专门设置一个密码，然后将这些文件保存到保险箱中，下面详细介绍使用文件保险箱的操作方法。

第 1 步　启动并运行【360 安全云盘】应用程序，**1.** 选择【我的文件】选项卡，**2.** 选择【保险箱】选项，**3.** 单击【启用保险箱】按钮 ，如图 10-38 所示。

图 10-38

第 2 步　打开【360 安全云盘】网页，并弹出【绑定手机号】对话框，单击【立即绑定】按钮 ，如图 10-39 所示。

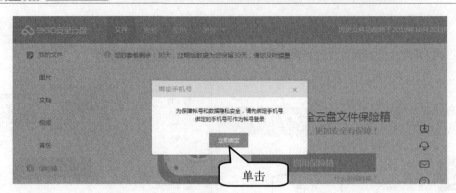

图 10-39

第3步 进入下一界面，提示需要进行安全验证，**1.** 输入校验码(如果账号之前绑定过 QQ 邮箱，校验码在 QQ 邮箱中查看即可)，**2.** 单击【提交】按钮 ，如图 10-40 所示。

图 10-40

第4步 进入【绑定手机号】页面，**1.** 输入准备绑定的手机号，**2.** 单击【免费获取校验码】按钮 ，如图 10-41 所示。

图 10-41

第5步 在手机中查看到校验码后，**1.** 输入校验码，**2.** 单击【提交】按钮 ，如图 10-42 所示。

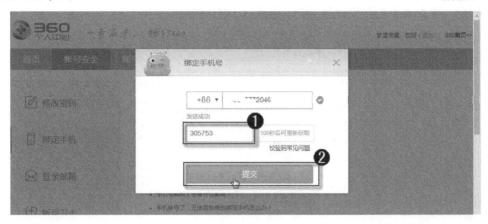

图 10-42

第 6 步 弹出一个对话框，提示绑定手机号成功，单击右上角的【关闭】按钮 ×，如图 10-43 所示。

图 10-43

第 7 步 弹出【启用文件保险箱】对话框，单击【立即设置】按钮 立即设置 ，如图 10-44 所示。

图 10-44

第8步 弹出【设置安全密码】对话框，**1.** 输入准备设置的保险箱密码，**2.** 再次输入密码，**3.** 单击【确定】按钮 确定 ，如图 10-45 所示。

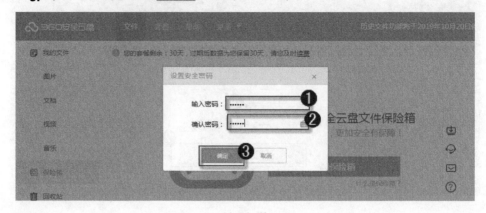

图 10-45

第9步 这时用户即可进入文件保险箱了，如果不想用了，可以单击【立即锁上保险箱】按钮 🔒 立即锁上保险箱 ，如图 10-46 所示。

图 10-46

第10步 进入到下一页面，提示"文件保险箱在安全密码保护下"，这时再次进入保险箱就需要输入密码了，如图 10-47 所示。

图 10-47

第 11 步　返回到【360 安全云盘】应用程序主界面，在弹出的【360 安全云盘】对话框中，单击【刷新】按钮 ⬚刷新⬚，如图 10-48 所示。

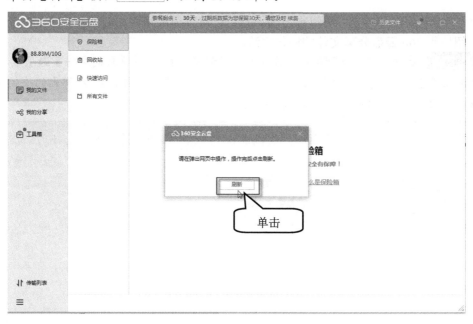

图 10-48

第 12 步　可以看到应用程序中已经提示"文件保险箱已上锁"信息，这样即可完成使用文件保险箱的操作，如图 10-49 所示。

图 10-49

10.3.3 使用 360 云盘分享文件

360 云盘也有分享功能，可以很方便地把自己有价值的东西同时分享给多个好友。下面详细介绍使用 360 云盘分享文件的操作方法。

第1步 启动并运行【360 安全云盘】应用程序，**1.** 选择【我的文件】选项卡，**2.** 选择【所有文件】选项，**3.** 使用鼠标右键单击准备进行分享的文件，**4.** 在弹出的快捷菜单中选择【链接分享】菜单项，如图 10-50 所示。

图 10-50

第2步 弹出【分享】对话框，提示"正在获取分享地址，请稍候"信息，如图 10-51 所示。

第3步 进入到下一界面，提示"已创建链接"，用户可以单击【复制链接和提取码】按钮，将分享链接发送给好友，从而进行分享，如图 10-52 所示。

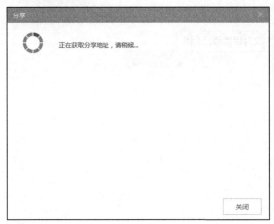

图 10-51

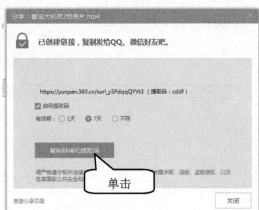

图 10-52

第4步 返回到【360 安全云盘】应用程序主界面中，选择【我的分享】选项卡，在这里可以看到已经分享的文件，也可以查看所分享文件的提取码及大小等信息，如图 10-53 所示。

图 10-53

10.4 实践案例与上机指导

通过本章的学习，读者基本可以掌握网络云办公的基本知识以及一些常见的操作方法，下面通过练习一些案例操作，以达到巩固学习、拓展提高的目的。

↑扫码看视频

10.4.1 取消 360 云盘分享文件

360 云盘是现在常用的云盘之一，由于其存储空间大，因此保存电影、音乐、照片、小说很方便。用户还经常将文件分享给朋友，如果想取消分享，也可以轻松实现。下面详细介绍取消 360 云盘分享文件的操作方法。

第1步 启动并运行【360 安全云盘】应用程序，**1.** 选择【我的分享】选项卡，**2.** 选择准备取消分享的文件，**3.** 单击上方的【取消分享】按钮 ⁂ 取消分享 ，如图 10-54 所示。

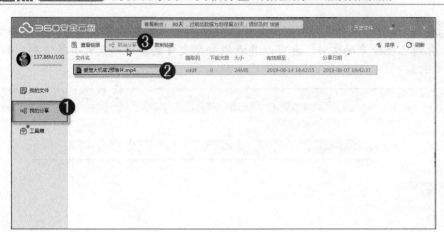

图 10-54

第 2 步 弹出【360 安全云盘】对话框，提示是否确定取消分享，单击【确定】按钮

，如图 10-55 所示。

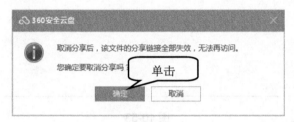

图 10-55

第 3 步 返回到【我的分享】界面中，可以看到在最下方提示"取消分享成功"，这样即可完成取消 360 云盘分享文件的操作，如图 10-56 所示。

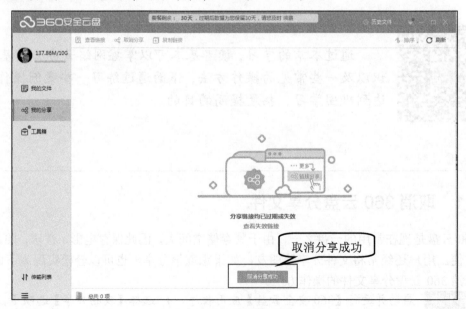

图 10-56

10.4.2 使用 360 云盘自动备份

360 云盘有一个自动备份功能，可添加用户经常使用的文件夹到云盘，当用户的文件夹在本地有变动时，会自动备份到云盘中，从而避免丢失，起到随时备份的作用。下面详细介绍使用 360 云盘自动备份的操作方法。

第 1 步 启动并运行【360 安全云盘】应用程序，**1.** 选择【工具箱】选项卡，**2.** 选择【自动备份】选项，如图 10-57 所示。

图 10-57

第 2 步 弹出【自动备份】对话框，**1.** 选择【帮我自动备份桌面的文件】复选框，**2.** 单击【我知道了】按钮 ，如图 10-58 所示。

第 3 步 可以看到【我的桌面】正在备份中，单击右下方的【添加文件夹】按钮 ，如图 10-59 所示。

图 10-58

图 10-59

第4步 弹出【浏览文件夹】对话框，**1.** 选择准备进行自动备份的文件夹，**2.** 单击【确定】按钮 确定 ，如图 10-60 所示。

第5步 可以看到选择的文件夹正在备份中。单击下方的【我的自动备份文件夹】超链接项，如图 10-61 所示。

图 10-60

图 10-61

第6步 进入到【我的自动备份文件夹】界面中，可以看到正在进行备份的文件夹。单击【传输列表】选项卡，如图 10-62 所示。

图 10-62

第7步 进入到【传输列表】界面中，可以看到正在上传备份的文件夹内容，这样即完成使用 360 云盘自动备份的操作，如图 10-63 所示。

图 10-63

10.4.3　使用百度网盘上传文件夹

百度网盘就是网络存储的云盘，用来储存知识储备是很不错的，现在百度网盘不但可以上传单个文件还可以上传整个文件夹(普通用户低于 500 个文件)，这个功能可以让用户省去了不少时间，下面详细介绍使用百度网盘上传文件夹的操作方法。

第 1 步　启动并运行【百度网盘】应用程序，**1.** 选择【全部文件】选项卡，**2.** 选择【我的网盘】栏，**3.** 单击【上传】按钮 ⬆上传 ，如图 10-64 所示。

图 10-64

第 2 步　弹出【自动备份】对话框，**1.** 选择准备上传的文件夹，**2.** 单击【存入百度网盘】按钮 存入百度网盘 ，如图 10-65 所示。

第 3 步　返回到【全部文件】界面中，待文件夹上传完毕后，即可看到完成上传的文

件夹，这样即可完成使用百度网盘上传文件夹的操作，如图10-66所示。

图 10-65

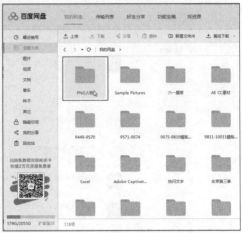

图 10-66

10.5 思考与练习

1. 填空题

(1) _____是将一台设备上的文件，保存到另外设备的过程。同步可保证两台设备上文件内容一模一样。

(2) 坚果云一共有四种权限：上传和下载、仅下载、仅上传、_____。

2. 判断题

(1) 使用360云盘上传文件可以保存在网盘上，这样就可以方便在异地使用文件，也可以避免装系统不小心把文件弄丢。用户还可以轻松地上传360云盘上的文件，从而方便在电脑中使用。 （ ）

(2) 百度网盘支持常规格式的图片、音频、视频、文档文件的在线预览，无须下载文件到本地即可轻松查看文件。 （ ）

3. 思考题

(1) 如何使用坚果云同步文件？

(2) 如何使用百度网盘分享文件？

(3) 如何使用360云盘上传与下载文件？

新起点 电脑教程

第 **11** 章

数字音视频工具软件

本章要点

- 数字音视频基础知识
- 屏幕录像工具——Camtasia Studio
- 屏幕录像工具——屏幕录像专家
- 数字视频格式转换
- 全能音频转换器
- 格式工厂
- 语音朗读与变声

本章主要内容

　　本章主要介绍数字音视频、屏幕录像工具、数字视频格式转换和全能音频转换器方面的知识与技巧，同时还讲解使用格式工厂的方法，在本章的最后还针对实际的工作需求，讲解了语音朗读与变声的方法。通过本章的学习，读者可以掌握音视频编辑基础方面的知识，为深入学习计算机常用工具软件知识奠定基础。

11.1　数字音视频基础知识

在计算机中，数字视频是以数字形式记录的视频，而数字音频是将音频文件转化，接着再将这些电平信号转化成二进制数据保存。本节将详细介绍数字音视频基础知识方面的知识。

↑　扫码看视频

11.1.1　常见的数字音频格式

数字音频是一种利用数字化手段对声音进行录制、存放、编辑、压缩或播放的技术，它是随着数字信号处理技术、计算机技术、多媒体技术的发展而形成的一种全新的声音处理手段。

数字音频的主要应用领域是音乐后期制作和录音。而常见的数字音频格式主要有以下几种。

➤ CD 格式：CD 格式被誉为天籁之音，相对而言，是目前音质最好的音频文件格式。标准的 CD 格式采用 44.1kHz 采样频率和 16 位采样精度，速率为 88Kbps。CD 音轨近似无损，CD 的声音也基本上是原声。

➤ WAV 格式：这是微软公司开发的一种音频文件格式，是目前计算机上广为流行的音频文件格式。标准的 WAV 格式音频文件质量和 CD 相差无几，也是采用 44.1kHz 频率，16 位采样精度和 88Kbps。WAV 格式支持多种采用频率、采样精度和声道。几乎所有的音频编辑软件都能识别 WAV 格式。

➤ MP3 格式：MP3 格式于 20 世纪 80 年代产生于德国。所谓 MP3，指的是 MPEG 标准中的音频部分。MP3 具有 10:1～12:1 的高压缩率，存放同样长度的声音文件，MP3 格式一般只有 WAV 格式的 1/10 大小，但音质次于 CD 格式和 WAV 格式。由于 MP3 格式文件所占存储空间小，音质又较好，在其问世之后一时无人能与之抗衡，是目前网络上绝对的主流音频格式。

➤ WMA 格式：WMA 与 WAV 一样，也来自于微软。它的音质要强于 MP3，也胜于 RA 格式。与 MP3 相比，它达到了更高的压缩率，一般 WMA 格式的压缩率可达到 18:1 左右。WMA 格式内置了版权保护技术，可以限制播放时间、播放次数甚至播放的机器，同时，WMA 格式还支持音频流技术，适合在网络上在线播放。

➤ RealAudio 格式：RealAudio 格式主要适用于网络上的在线音乐欣赏，它的音质并不是很好，但所占存储空间却极小。Real 文件格式可以根据网速分为 RA、RM、RMX 等几种，这些文件格式随网络带宽的不同而改变声音的质量，宽带富裕的用

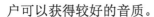

户可以获得较好的音质。

11.1.2　常见的视频文件格式

数字视频有不同的产生方式、存储方式和播出方式。比如通过数字摄像机直接产生数字视频信号，存储在数字带、P2 卡、蓝光盘或者磁盘上，从而得到不同格式的数字视频。然后通过 PC、特定的播放器等播放出来。

常见的视频文件格式主要有以下几种。

- ➤ AVI 格式：较早的 AVI 是由微软开发的，其含义是 Audio Video Interactive，就是把视频和音频编码混合在一起储存。AVI 是长寿的视频格式，虽然发布过改版(V2.0 于 1996 年发布)，但已显老态。AVI 格式限制比较多，只能有一个视频轨道和一个音频轨道(现在有非标准插件，可加入最多两个音频轨道)，还可以有一些附加轨道，如文字等。AVI 格式不提供任何控制功能。

- ➤ WMV 格式：WMV(Windows Media Video)是微软公司开发的一组数字视频编解码格式的通称，ASF(Advanced Systems Format)是其封装格式。ASF 封装的 WMV 档具有数位版权保护功能。

- ➤ FLV 格式：这是 FLASH VIDEO 的简称。FLV 流媒体格式是随着 Flash MX 的推出发展而来的视频格式。由于它形成的文件极小、加载速度极快，使得网络观看视频文件成为可能，它的出现有效地解决了视频文件导入 Flash 后，导出的 SWF 文件体积庞大、不能在网络上很好地使用等问题。

- ➤ RM/RMVB 格式：Real Video 格式，或者称 Real Media(RM)文件，是由 RealNetworks 开发的一种文件容器。它通常只能容纳 Real Video 和 RealAudio 编码的媒体。该文件带有一定的交互功能，允许编写脚本以控制播放。RM，尤其是可变比特率的 RMVB 格式，体积很小，非常受到网络下载者的欢迎。

- ➤ MOV 格式：是 QuickTime 影片格式。由于苹果电脑在专业图形领域具有统治地位，QuickTime 格式基本上成为电影制作行业的通用格式。1998 年 2 月 11 日，国际标准组织(ISO)认可 QuickTime 文件格式为 MPEG-4 标准的基础。QuickTime 可存储的内容相当丰富，除了视频、音频以外还可支持图片、文字(文本字幕)等。

- ➤ MPEG 格式：MPEG(Moving Picture Experts Group)是一个国际标准组织(ISO)认可的媒体封装形式，受到大部分机器的支持。其存储方式多样，可以适应不同的应用环境。MPEG-4 文件的文件容器格式在 Layer 1(mux)、14(mpg)、15(avc)等中规定。MPEG 的控制功能丰富，可以有多个视频(即角度)、音轨、字幕(位图字幕)，等等。MPEG 的一个简化版本 3GP 还广泛应用于准 3G 手机上。

- ➤ 3GP 格式：是由 3GPP 定义的一种视频流媒体容器格式，是 MPEG-4 Part 14(MP4) 格式的一种简化版本。3GP 使移动电话和手机可以在有限的存储空间上传输、收发音视频数据，运行音视频应用，播放音视频文件。

- ➤ SWF 格式：这是一种基于矢量的 Flash 动画文件，一般用 Flash 软件创作并生成，也可以通过相应软件将 PDF 等类型转换为 SWF 格式。SWF 格式文件广泛用于创建有吸引力的应用程序，它们包含丰富的视频、声音、图形和动画。

11.2 屏幕录像工具——Camtasia Studio

　　屏幕录像工具是录制来自于计算机视窗环境桌面操作、播放器的视频内容,包括录制 QQ 视频、录制游戏视频、录制电脑视窗播放器的视频等功能的专用软件。本小节将详细介绍屏幕录像工具——Camtasia Studio 方面的知识及使用方法。

↑ 扫码看视频

11.2.1 Camtasia Studio 简介

　　Camtasia Studio 是一款由 TechSmith 公司推出的专业屏幕录像和编辑的软件套装,拥有强大的屏幕录像(Camtasia Recorder)、视频的剪辑和编辑(Camtasia Studio)、视频菜单制作(Camtasia MenuMaker)、视频剧场(Camtasia Theater)和视频播放功能(Camtasia Player)等功能。

　　使用本套装软件,可以方便地进行屏幕操作的录制和配音、视频的剪辑和添加过场动画、添加说明字幕和水印、制作视频封面和菜单、视频压缩和播放等。Camtasia Studio 主界面如图 11-1 所示。

图 11-1

11.2.2 录制视频前的准备

　　使用 Camtasia Studio 的录像器功能,可以在任何颜色模式下轻松地记录屏幕动作,包括光标的运动、菜单的选择、弹出窗口、层叠窗口、打字和其他在屏幕上看得见的所有内容。除了录制屏幕，Camtasia Studio 还允许录制的时候在屏幕上画图和添加效果，以便标记出想要录制的重点内容。

在使用 Camtasia Studio 录制视频之前，需要做好相应的准备。下面详细介绍录制视频前需要做的准备工作。

第 1 步　安装 Camtasia Studio 并启动程序，进入软件操作界面，单击【录制屏幕】按钮 录制屏幕 ，如图 11-2 所示。

第 2 步　弹出录制工具栏，在【选择区域】区域中，选择【全屏幕】选项，如图 11-3 所示。

图 11-2

图 11-3

第 3 步　在录制工具栏的【录制输入】方框中，*1.* 单击【摄像头】按钮 ，*2.* 单击【音频】按钮 ，如图 11-4 所示。

第 4 步　设置完成后，单击【rec】按钮 ，即可开始录制视频，这样即可完成录制视频前的准备工作，如图 11-5 所示。

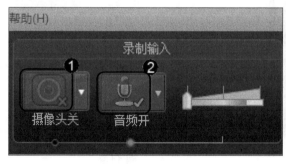

图 11-4

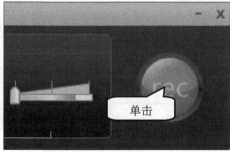

图 11-5

11.2.3　屏幕录制

第 1 步　在录制工具栏中，单击【rec】按钮 ，会弹出录制计时器，提示"按 F10 停止录制"信息，如图 11-6 所示。

第 2 步　Camtasia Record 开始屏幕录制操作，在录制工具栏中，可以看到视频录制的

持续时间。录制完成后，可以单击【停止】按钮███结束录制，如图11-7所示。

图11-6

图11-7

第3步 停止录制后，会弹出【预览】窗口，单击【生成】按钮███，弹出【Camtasia Recorder】对话框，如图11-8所示。选择文件存储位置，然后单击【保存】按钮 保存(S) ，这样即可完成屏幕录制的操作，如图11-9所示。

图11-8   图11-9

智慧锦囊

在Camtasia Studio中，按键盘上的F9键即可开始录制操作，再次按F9键将暂停录制。F9键是切换开始与暂停的快捷键，停止录制的快捷键为F10键。

11.2.4　编辑视频

对于录制好的视频，可以对其进行编辑，如调整视频播放时间、更换背景音乐等，下面以缩短视频播放时间为例，详细介绍使用 Camtasia Studio 编辑视频的操作。

第 1 步　启动 Camtasia Studio 软件，*1.* 单击【导入媒体】下拉按钮 ，*2.* 在弹出的下拉菜单中，选择【导入媒体】菜单项，如图 11-10 所示。

第 2 步　弹出【打开】对话框，*1.* 选择要导入的媒体文件，*2.* 单击【打开】按钮 ，如图 11-11 所示。

图 11-10

图 11-11

第 3 步　文件导入到剪辑箱中，*1.* 右击导入的文件，*2.* 在弹出的快捷菜单中选择【添加到时间轴播放】菜单项，如图 11-12 所示。

第 4 步　视频被添加到时间轴中，按住鼠标左键向左拖曳轨道 1 中的箭头，至合适位置释放鼠标，这样即可完成缩短视频播放时间的操作，如图 11-13 所示。

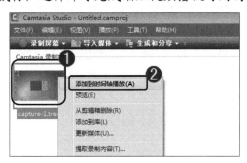

图 11-12

图 11-13

11.3　屏幕录像工具——屏幕录像专家

屏幕录像专家是一款专业的屏幕录像制作工具，使用它可以帮助用户录制屏幕，如操作过程、教学课件、网络电视，等等。屏幕录像专家可支持长时间录像并且可保证声音同步，功能强大，操作简单，是制作各种屏幕录像、教学动画和教学课件的首选软件。

↑　扫码看视频

11.3.1　确定屏幕录像区域

屏幕录像专家是一款专业的屏幕录像制作工具，使用屏幕录像专家可以轻松录制电脑的屏幕内容，并生成视频文件。下面详细介绍确定屏幕录像区域的操作方法。

第1步　启动【屏幕录像专家】软件程序，单击【录制目标】标签，如图11-14所示。

第2步　进入到【录制目标】界面，这里有【全屏】【多屏】【范围】【窗口】【同时录摄像头】和【摄像头】录制区域供用户选择，这里选择【窗口】单选项，如图11-15所示。

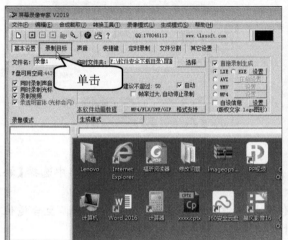

图 11-14

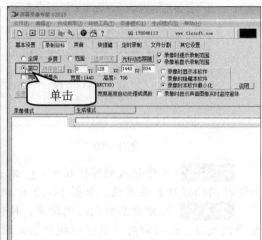

图 11-15

第3步　弹出【提示】对话框，单击【确定】按钮 确定(Y)，如图11-16所示。

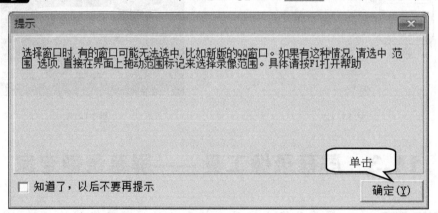

图 11-16

第4步　打开视频录制窗口选择功能，接下来用户就可以开始选择想要使用屏幕录像专家录制视频的窗口。被屏幕录像专家用红色框框起来的就是屏幕录像专家的视频录制区域，这样即可完成确定屏幕录像区域的操作，如图11-17所示。

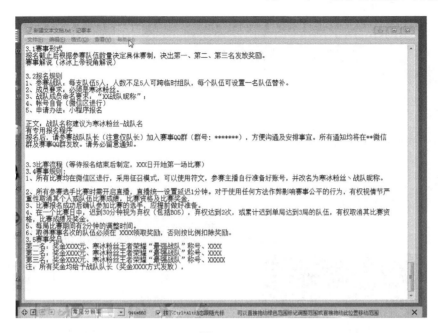

图 11-17

11.3.2　开始录制屏幕录像

视频录制区域设置完成之后，用户就可以开始使用屏幕录像专家录制选中区域中的屏幕内容视频了。下面详细介绍录制屏幕录像的操作方法。

第 1 步　设置完屏幕录像区域后，单击【开始录制】按钮 ⬜，如图 11-18 所示。

第 2 步　弹出【提示】对话框，提示"开始录制后，你可以通过下面快捷键停止：F2"，单击【确定】按钮 确定(Y)，如图 11-19 所示。

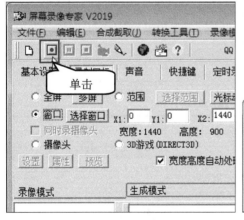

图 11-18

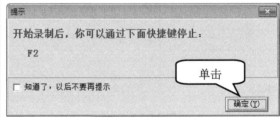

图 11-19

第 3 步　弹出【声音图像实时监控窗体】对话框，屏幕录像专家正在进行窗口视频录制，录制视频的时候屏幕录像专家只会记录下视频录制框中的屏幕内容，如图 11-20 所示。

第 4 步　完成屏幕录制后，用户可以按屏幕录像专家设置好的快捷键 F2 来停止录制，

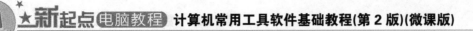

并弹出【提示】对话框，单击【确定】按钮 确定(Y)，如图 11-21 所示。

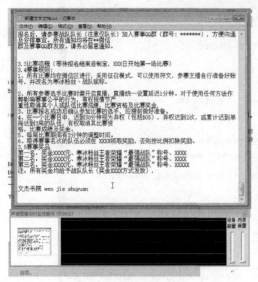

图 11-20　　　　　　　　　　　　　　　　　图 11-21

第5步 这时屏幕录像专家会自动生成一个电脑屏幕录像视频文件，**1.** 右击屏幕录像专家视频文件列表中的视频文件，**2.** 在弹出的快捷菜单中选择【另存为】菜单项，如图 11-22 所示。

第6步 弹出【另存为】对话框，**1.** 设置准备保存视频的位置，**2.** 重命名视频文件名，**3.** 单击【保存】按钮 保存(S)，如图 11-23 所示。

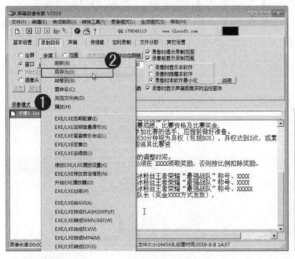

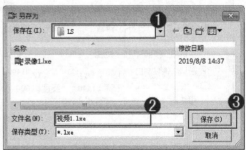

图 11-22　　　　　　　　　　　　　　　　　图 11-23

第7步 弹出【提示】对话框，提示"LXE 录像文件复制到其他电脑上播放时需要播放器，播放器有 2 种方法提供"相关信息，单击【确定】按钮 确定(Y)，如图 11-24 所示。

第8步 弹出【屏幕录像专家】对话框，提示"另存成功"信息，单击【OK】按钮 OK，如图 11-25 所示。

图 11-24　　　　　　　　　　　图 11-25

第 9 步　打开设置好的视频输出路径文件夹，就可以在文件夹中看到使用屏幕录像专家录制屏幕窗口区域视频得到的屏幕录像文件，这样即可完成录制屏幕录像的操作，如图 11-26 所示。

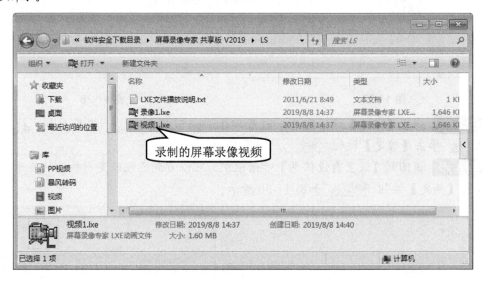

图 11-26

知识精讲

　　使用屏幕录像专家，当选择屏幕录像区域为"窗口"时，有的窗口可能无法选中，比如新版本的 QQ 窗口，这时，用户可以选择【范围】单选项，直接在界面上拖动范围标记来选择录像范围。

11.3.3　在录像中添加自定义信息

　　使用屏幕录像专家可以添加自定义信息，就像水印一样，达到防范侵权的作用。下面详细介绍其操作方法。

第 1 步　启动【屏幕录像专家】软件程序，*1.* 单击【基本设置】标签，*2.* 选择【自设信息】复选框，如图 11-27 所示。

第 2 步　弹出【设置自设信息】对话框，*1.* 选择显示位置，*2.* 输入显示内容，*3.* 单

击【改变字体】按钮，如图 11-28 所示。

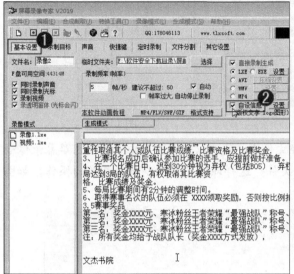

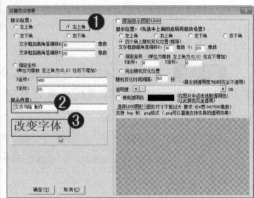

图 11-27　　　　　　　　　　　　　　　　　图 11-28

第 3 步　弹出【字体】对话框，**1.** 设置字体，**2.** 设置字形，**3.** 设置大小，**4.** 设置字体颜色，**5.** 单击【确定】按钮 确定 ，如图 11-29 所示。

第 4 步　返回到【设置自设信息】对话框中，可以看到已经改变所输入的显示内容字体，单击【确定】按钮 确定(Y) ，如图 11-30 所示。

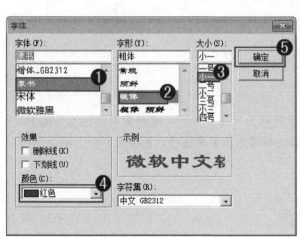

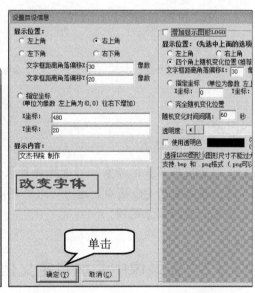

图 11-29　　　　　　　　　　　　　　　　　图 11-30

第 5 步　之后用户录制的视频就可以呈现出刚刚设置好的自定义信息了，效果如图 11-31 所示。

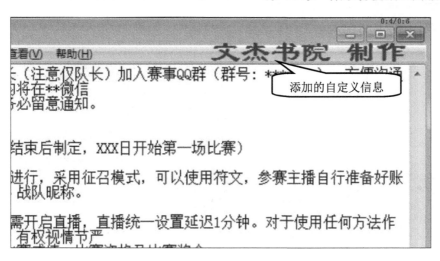

图 11-31

11.3.4　加密屏幕录像文件

用户使用屏幕录像专家还可以将自己制作的视频文件进行加密处理，从而达到保密的作用。下面详细介绍其操作方法。

第 1 步 使用屏幕录制专家完成录制视频后，*1.* 右击准备进行加密的录像文件，*2.* 在弹出的快捷菜单中选择【EXE/LXE 加密】菜单项，如图 11-32 所示。

第 2 步 弹出【加密】对话框，*1.* 选择【播放加密】单选项，*2.* 输入播放密码，*3.* 单击【确定】按钮 [确定(Y)]，如图 11-33 所示。

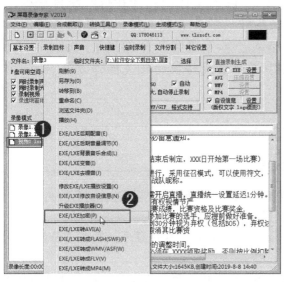

图 11-32

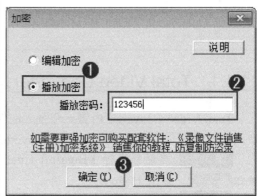

图 11-33

第 3 步 弹出【另存为】对话框，*1.* 选择准备保存加密录像文件的位置，*2.* 设置文件的名称及保存类型，*3.* 单击【保存】按钮 [保存(S)]，如图 11-34 所示。

第 4 步 此时当双击打开刚刚加密的录像文件时，即可弹出【密码】对话框，提示用

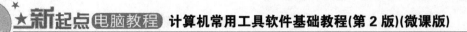

户输入密码,这样即可完成加密屏幕录像文件的操作,如图 11-35 所示。

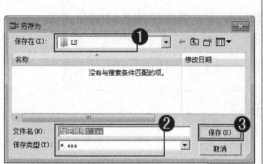

图 11-34

图 11-35

11.4 数字视频格式转换

Total Video Converter 提供了视频文件转换的终极解决方案,它能够读取和播放各种视频和音频文件,并且能将它们转换为流行的媒体文件格式。本节将详细介绍使用 Total Video Converter 软件进行数字视频格式转换的相关操作方法。

↑ 扫码看视频

11.4.1 Total Video Converter 转换

Total Video Converter 内置一个强大的转换引擎,用户使用它能快速地进行文件格式转换,下面详细介绍使用 Total Video Converter 进行转换的操作方法。

第 1 步 启动并运行【Bigasoft Total Video Converter】软件程序,单击【添加文件】按钮，如图 11-36 所示。

第 2 步 弹出【载入文件】对话框,*1.* 选择准备进行转换的文件,*2.* 单击【打开】按钮，如图 11-37 所示。

第 3 步 打开准备转换的文件后,*1.* 单击【预置方案】右侧的下拉按钮，*2.* 在弹出的列表框中选择准备转换的数字格式,如选择【普通视频】选项,*3.* 选择准备转换的视频格式,如图 11-38 所示。

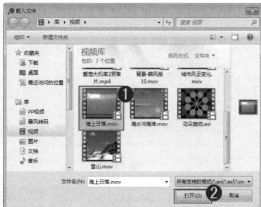

图 11-36　　　　　　　　　　　　　　　　　　图 11-37

第 4 步　可以看到在【预置方案】中已经显示刚刚选择的转换格式，单击【输出目录】右侧的【浏览】按钮 浏览... ，如图 11-39 所示。

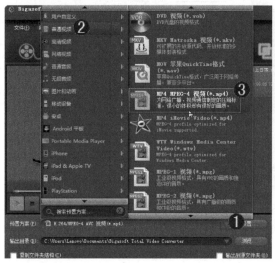

图 11-38　　　　　　　　　　　　　　　　　　图 11-39

第 5 步　弹出【浏览文件夹】对话框，**1.** 选择准备输出的文件夹位置，**2.** 单击【确定】按钮 确定 ，如图 11-40 所示。

第 6 步　可以看到在【输出目录】文本框中已经显示刚刚设置的文件夹位置，单击右下角的【转换】按钮 ，如图 11-41 所示。

第 7 步　进入到【转换成功】界面，提示已用时间以及完成转换的视频相关信息，如图 11-42 所示。

第 8 步　打开转换视频输出目录，即可看到转换的视频文件，这样即可完成使用 Total Video Converter 进行转换的操作，如图 11-43 所示。

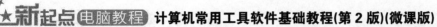

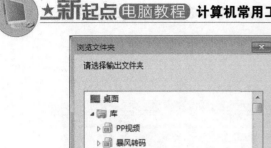

图 11-40

图 11-41

图 11-42

图 11-43

11.4.2　Total Video Converter 编辑视频

使用 Total Video Converter 软件，用户不仅可以进行转换视频文件，还可以进行编辑视频，从而达到自己想要的视频效果。下面详细介绍使用 Total Video Converter 进行编辑视频的操作。

第1步　启动并运行【Total Video Converter】软件程序，**1.** 选择准备进行编辑的视频文件，**2.** 在菜单栏中选择【剪辑】→【效果】菜单项，如图 11-44 所示。

第2步　弹出【视频编辑】对话框，**1.** 选择准备应用的视频效果，这里选择【柔和】复选框，**2.** 单击【水平镜像】按钮 ，**3.** 单击【确定】按钮 确定 ，这样即可完成编辑视频的操作，如图 11-45 所示。

知识精讲

使用 Total Video Converter 软件编辑视频时，在【视频编辑】对话框中，用户还可以对视频进行时间剪辑、裁剪，添加图像，水印以及添加字幕等相关操作。

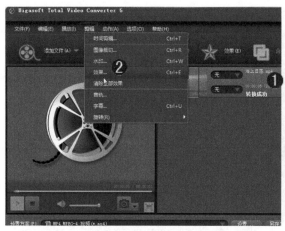
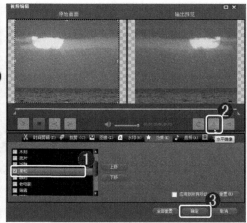

图 11-44　　　　　　　　　　　　　　图 11-45

11.5　全能音频转换器

全能音频转换器是一款功能强大、界面漂亮友好、简单易用的音频处理软件，它支持超过 20 种音频格式的相互转换。更为强大的是，该软件能从视频格式中提取出音频文件，并支持批量转换。本小节将详细介绍关于全能音频转换器方面的知识及使用方法。

↑ 扫码看视频

11.5.1　批量转换音频

音频转换器的主要功能是对音频进行编解码，即对数字音频进行解码，并根据数字音频编码规范保存为新的音频格式。而全能音频转换器具有转换简单、快速等特点，还可以支持批量添加文件转换。下面详细介绍批量转换音频的操作方法。

第 1 步　启动并运行【全能音频转换器】软件，单击【添加】按钮，如图 11-46 所示。

第 2 步　弹出【打开】对话框，*1.* 选择准备进行批量转换的多个音频文件，*2.* 单击【打开】按钮，如图 11-47 所示。

第 3 步　音频文件添加到列表中，单击软件界面右上角的【设置】按钮，如图 11-48 所示。

第 4 步　弹出【系统设置】对话框，*1.* 在【同时转换文件数】列表框中，单击列表箭头设置数量，如 3，*2.* 单击【确定】按钮，如图 11-49 所示。

第 5 步　返回软件界面，在【输出目录】区域，单击【选择路径】按钮，如图 11-50 所示。

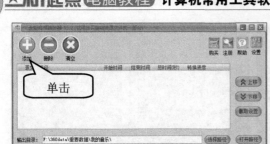

图 11-46　　　　　　　　　　　　　　　　　图 11-47

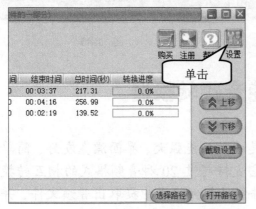

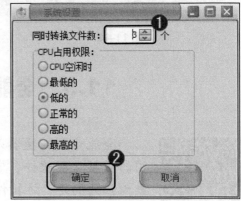

图 11-48　　　　　　　　　　　　　　　　　图 11-49

第6步 在弹出的【浏览文件夹】对话框中，**1.** 选择输出目录文件夹，**2.** 单击【确定】按钮 ，如图 11-51 所示。

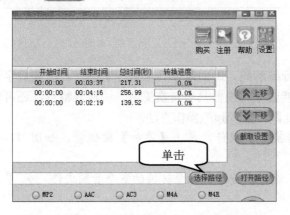

图 11-50　　　　　　　　　　　　　　　　　图 11-51

第7步 返回软件界面，**1.** 在【输出格式】区域，选择要输出的格式单选项，如 WMA，**2.** 单击【转换】按钮，如图 11-52 所示。

第8步 弹出【提示】对话框，提示 "转换完成" 信息，单击【确定】按钮 ，即可完成批量转换音频的操作，如图 11-53 所示。

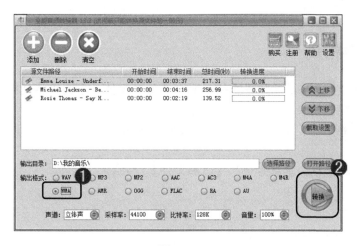

图 11-52 · 图 11-53

11.5.2 截取部分音频

在全能音频转换器中，选中需要截取部分音频的文件，单击窗口右侧的【截取设置】
按钮，如图 11-54 所示。在弹出的【分割设置】对话框中，直接修改音频文件的【开始时间】
和【结束时间】，设置完成后，单击【确定】按钮即可(全能音频转换器的截取功能只有正
式版才可使用)。

图 11-54

11.6 格 式 工 厂

格式工厂是一款免费的多功能、多媒体文件转换工具。格
式工厂功能强大，可以帮助用户简单快速地转换需要的视频文
件格式。不仅如此，格式工厂软件操作简便，用户安装后就可
以上手使用，为用户带来很好的使用体验。本节将详细介绍格
式工厂的相关知识及使用方法。

↑ 扫码看视频

11.6.1 转换视频文件格式

格式工厂的视频支持格式十分广泛，几乎囊括了所有类型多媒体。下面以将视频格式转换为 MP4 格式为例，来详细介绍转换视频文件格式的操作方法。

第1步 启动并运行【格式工厂】软件，**1.** 选择【视频】栏目，**2.** 单击【MP4】按钮，如图 11-55 所示。

第2步 弹出【MP4】对话框，单击右侧的【添加文件】按钮 ，如图 11-56 所示。

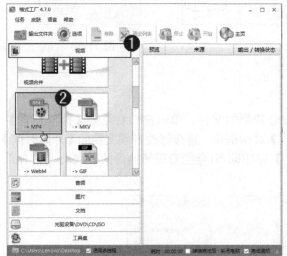

图 11-55

图 11-56

第3步 弹出【打开】对话框，**1.** 选择准备进行转换的视频文件，**2.** 单击【打开】按钮，如图 11-57 所示。

第4步 返回到【MP4】对话框中，可以看到选择进行转换的视频文件，单击下方【输出文件夹】右边的【改变】按钮，如图 11-58 所示。

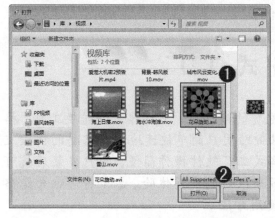

图 11-57

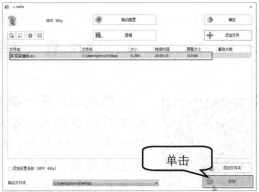

图 11-58

第 5 步 弹出【浏览文件夹】对话框，*1.* 选择准备存放导出视频的文件夹位置，*2.* 单击【确定】按钮 ，如图 11-59 所示。

第 6 步 返回到【MP4】对话框中，可以看到输出文件夹已被改变，单击右上角的【确定】按钮 ，如图 11-60 所示。

图 11-59

图 11-60

第 7 步 返回到【格式工厂】软件主界面中，可以看到已经设置好的准备转换的视频，单击【开始】按钮 ，如图 11-61 所示。

图 11-61

第 8 步 视频正在转换中，用户需要在线等待一段时间，如图 11-62 所示。

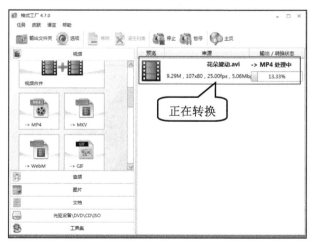

图 11-62

第9步 视频转换完成后，会在系统桌面右下角弹出一个【任务完成】提示框。用户可以选中转换的视频文件，单击【打开输出文件夹】按钮 🖸，如图 11-63 所示。

第10步 打开转换视频所在的文件夹，可以看到已经转换完成的视频文件，这样即可完成转换视频文件格式的操作，如图 11-64 所示。

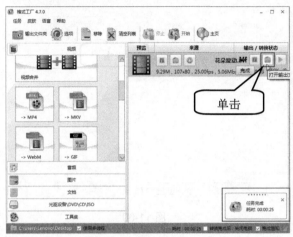

图 11-63

图 11-64

11.6.2 修复损坏视频文件

在打开视频文件时，遇到损坏的视频，可以使用格式工厂对该视频进行格式转换，且在转换的过程中格式工厂会对视频进行修复，但这种修复可能存在一定的信号损失，所以转码过程中，参数设置很重要。如在上一小节的【MP4】对话框中，单击【输出配置】按钮 ⬤ 输出配置，即可弹出【视频设置】对话框，可以在这里进行详细的参数设置，如图 11-65 所示。

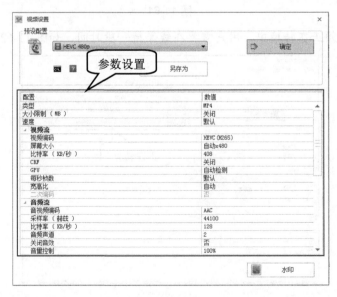

图 11-65

11.6.3　视频合并

格式工厂除了可以对各种视频、音频和图片文件进行格式转换，还有很多方便快捷的附加功能，如视频合并、音频合并等。当需要将几个视频合并在一起时，可以使用格式工厂的视频合并功能，下面详细介绍进行合并的操作方法。

第1步 启动并运行【格式工厂】软件，**1.** 选择【工具集】栏目，**2.** 单击【视频合并】按钮 ，如图 11-66 所示。

第2步 弹出【视频合并】对话框，单击【添加文件】按钮 ，如图 11-67 所示。

图 11-66

图 11-67

第3步 弹出【打开】对话框，**1.** 选择准备合并的多个视频文件，**2.** 单击【打开】按钮 ，如图 11-68 所示。

第4步 弹出【视频合并】对话框，可以看到已经添加了多个视频文件，单击【确定】按钮 ，如图 11-69 所示。

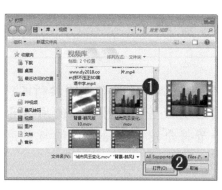

图 11-68

图 11-69

第5步 返回【格式工厂】操作界面，单击【开始】按钮 ，如图 11-70 所示。

第6步 视频文件正在进行合并，用户需要在线等待一段时间，如图 11-71 所示。

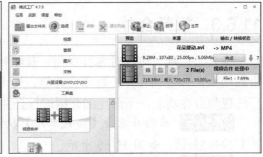

图 11-70   图 11-71

第7步 视频合并完成后，会在系统桌面右下角弹出一个【任务完成】提示框，用户可以选中合并的视频文件，单击【打开输出文件夹】按钮，如图 11-72 所示。

第8步 打开合并视频所在的文件夹，可以看到已经合并完成的视频文件，这样即可完成合并视频文件的操作，如图 11-73 所示。

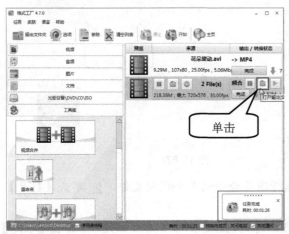

图 11-72   图 11-73

11.7 语音朗读与变声

随着互联网的快速发展，人们会经常在网络上阅读新闻、看小说等，长时间用眼睛阅读会容易疲劳，这时可以使用语音阅读软件来聆听这些文章。本小节将介绍关于语音朗读与变声方面的知识。

↑ 扫码看视频

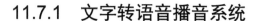

11.7.1　文字转语音播音系统

文字转语音播音系统是一款把文字转换成语音的朗读软件，是一款会说话的软件。该软件采用国际领先的语音合成技术，播音效果可与专业的播音员相媲美，是一款学习和语音宣传的完美软件。只要输入文字，它就可以将其转换为语音，并且可以把语音转换成 MP3 保存到电脑上。下面介绍文字转语音播音系统的主要功能和如何将文字转换为语音。

1. 文字转语音播音系统的主要功能

文字转语音播音系统适用于商场、商店等场合，也可用于语音广告制作、学习和听小说等，它的主要功能如下。

➢　可清晰、流畅、自然地朗读中文、英文、韩文、日文等多种语言文字内容。

➢　支持男声、女声等多种音色，可以根据用户的喜好自由选择。

➢　可以随时播放、暂停、停止朗读。

➢　可以自由地更换背景音乐，根据文字内容搭配朗读效果。

➢　支持朗读导入的文本文件。

➢　拥有音量、语调、语速调节功能，可根据个人喜好自由调节。

➢　特色音效和背景音乐可为用户带来更多娱乐效果。

➢　支持将文字转换成 MP3 文件，文字朗读可以结合背景音乐导出为 MP3 文件。

➢　用户可以自定义词典，可以随意变化读音。

➢　支持常见音频文件格式的相互转换。

➢　支持单音频文件剪辑，支持多音频文件连接成一个音频文件的功能。

➢　支持将多个声音文件合并成一个声音文件的功能。

➢　提供录音功能。

➢　默认提供 12 套皮肤，界面可以随心换。

➢　播音文稿支持增加、修改、删除、保存、查找、显示等维护操作。

➢　支持定时关机功能。

➢　可随时试听文稿和背景音乐的合声效果。

知识精讲

文字转语音播音系统软件在国内率先突破语调调节技术，拥有 MP3 音量扩大功能，增加了五种发音风格，让每一个语音引擎都可以发出多种不同的声音，可以循环播放语音，也可以让导出的 MP3 播放一段音乐时同时播放文字和背景音乐。

2. 文字转语音

使用文字转语音播音系统播放文字的操作非常简便，在软件的【文稿内容】文本框中输入文字即可，下面介绍具体的操作方法。

第 1 步　安装【文字转语音播音系统】软件，并启动软件，**1.** 选择【即时播音】选项卡，**2.** 在【发音角色】下拉列表框中，选择要使用的角色，**3.** 在【背景音乐】下拉列表框中，选择要使用的音乐，如图 11-74 所示。

图 11-74

第2步 在【文稿内容】文本框中，**1.** 粘贴一段文字，**2.** 单击【播放文稿】按钮▶，如图 11-75 所示。

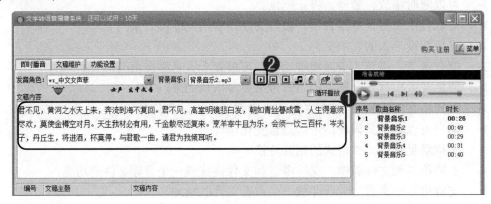

图 11-75

第3步 此时开始播放【文稿内容】文本框中的文字内容，并伴随着背景音乐。通过以上步骤即可完成使用文字转语音播音系统播放文字的操作，如图 11-76 所示。

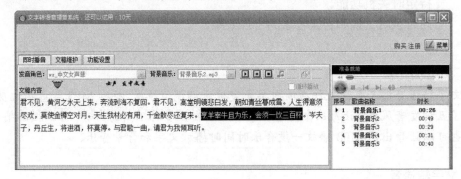

图 11-76

11.7.2　变声专家

变声专家是一款可以录制和改变个人声音的应用软件，它支持多种不同的变声处理，比如为音视频剪辑、报告、解说或语音邮件等添加配音，可以模仿任何人的声音、创建动物声音、改变歌曲声音等。

变声专家还支持在线即时通信工具的实时变声，如 QQ 聊天、YY 直播、Skype 等，可实时对声音进行处理，附带 100 多种高品质的男声和女声发音及丰富的声音特效。下面详细介绍变声专家操作界面与文件变声器方面的知识。

1. 变声专家操作界面

下载变声专家应用程序并安装，完成后启动变声专家软件，在软件左侧可以看到在线变声器、配音编辑器、实用工具、录音机和文件变声器等变声辅助工具，如图 11-77 所示。

图 11-77

在软件右侧的菜单栏中，选择【假声】菜单，在弹出的下拉菜单中，可以选择要使用的假声效果，包括男声变女声、女声变男声、用于电影制作和非人声特效等效果，如图 11-78 所示。

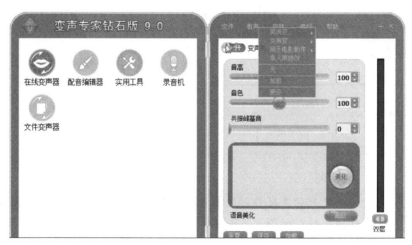

图 11-78

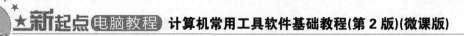

2. 文件变声器

变声专家的文件变声器功能,可以将声音文件的声音进行变声,还可以为其设置使用变声专家特效处理的效果,下面介绍如何对声音文件进行变声操作。

第1步 启动【变声专家】软件,在软件的左侧单击【文件变声器】按钮,如图 11-79 所示。

第2步 弹出【变声专家 文件变声器】对话框,在对话框下方位置单击【添加所选项目到列表】按钮,如图 11-80 所示。

第3步 弹出【打开】对话框,*1.* 选择声音文件,*2.* 单击【打开】按钮 打开(O),如图 11-81 所示。

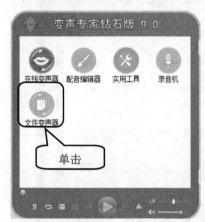
图 11-79

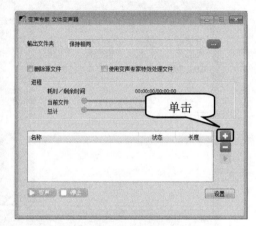
图 11-80

第4步 返回【变声专家 文件变声器】对话框,*1.* 选择【使用变声专家特效处理文件】复选框,*2.* 单击【变声】按钮 变声,如图 11-82 所示。

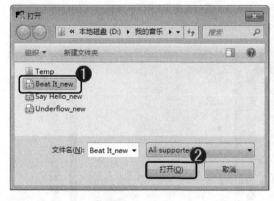
图 11-81

图 11-82

第5步 此时文件开始变声操作,在【进程】区域显示转换的进度,如图 11-83 所示。

第6步 弹出转换成功对话框,单击【确定】按钮 确定,即可完成对声音文件进行变声的操作,如图 11-84 所示。

图 11-83　　　　　　　　　　　　　　　　　图 11-84

11.7.3　朗读女

朗读女是一个简单且免费的语音朗读软件，是一款在 Windows 7、Windows XP 系统环境下运行的语音朗读软件，可以用来听网络小说、学外语、读新闻、校对文章或制作小说音频等。

1. 朗读女软件的功能特点

朗读女软件不需要复杂的安装操作，进入下载页面，试听语音库朗读效果，然后下载一个语音库，安装即可使用。朗读女软件拥有以下特点。

➢　它是完全免费的绿色便携软件，操作简单易学，可轻松使用。

➢　可通过监视剪切板、输入文字、导入外部文字，然后按快捷键进行朗读。

➢　默认调用系统(Windows 7)自带的 Lili、Anna TTS，支持附加语音库。

➢　可将读出的语言文件保存为 MP3 等音频格式，以制作属于自己的音频文件。

2. 使用朗读女软件

安装并启动【朗读女】软件，**1.** 选择【朗读】选项卡，**2.** 在文本框中粘贴一段文字，**3.** 单击下方的【开始朗读】按钮，即可开始播放文字，如图 11-85 所示。

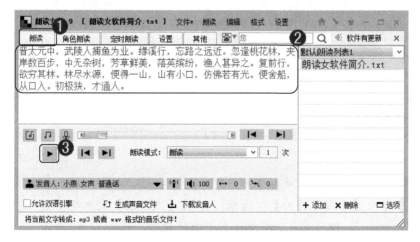

图 11-85

知识精讲

　　启动【朗读女】软件,选择【角色朗读】选项卡,在软件界面的下方,单击【添加角色】按钮 添加角色 ,将会添加一个新的角色发音人;单击【删除角色】按钮 删除角色 ,将会删除选中的角色发音人。

11.8　实践案例与上机指导

　　通过本章的学习,读者基本可以掌握数字音视频工具软件的基本知识以及一些常见的操作方法,下面通过练习一些案例操作,以达到巩固学习、拓展提高的目的。

↑扫码看视频

11.8.1　使用 Camtasia Studio 为视频添加旁白

　　为了让视频中的内容更加完整,可以向视频中加入一段旁白,此时可以使用 Camtasia Studio 软件中的语音旁白功能,下面详细介绍为视频添加旁白的操作方法。

　　第 1 步 导入视频文件到 Camtasia Studio,并将其添加到时间轴中,**1.** 在菜单栏中,选择【工具】菜单,**2.** 在弹出的下拉菜单中,选择【语音旁白】菜单项,如图 11-86 所示。

　　第 2 步 弹出【语音旁白】对话框,**1.** 在【输入级别】区域,设置麦克风级别,**2.** 单击【开始录制】按钮 ● 开始录制(R) ,如图 11-87 所示。

图 11-86

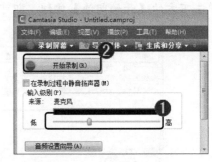

图 11-87

　　第 3 步 开始录制旁白,单击【停止录制】按钮 停止录制(R) ,如图 11-88 所示。

　　第 4 步 弹出【旁白另存为】对话框,**1.** 在【文件名】文本框中输入名称,**2.** 单击【保存】按钮 保存(S) ,即可完成为视频添加旁白的操作,如图 11-89 所示。

图 11-88　　　　　　　　　　　　　　　　　　图 11-89

11.8.2　将文字转换成 MP3

在平时的工作与学习生活中，阅读新闻、查看小说的时候会很伤眼睛，此时可以将需要阅读的文字内容转换成声音，这样在听书的同时，还可以做些其他事情。下面详细介绍使用文字转语音播音系统将文字转换成 MP3 文件的操作方法。

第 1 步　启动【文字转语音播音系统】软件，**1.** 选择【即时播音】选项卡，**2.** 在【文稿内容】文本框中粘贴一段文字，**3.** 在【背景音乐】下拉列表框中选择要使用的音乐，如图 11-90 所示。

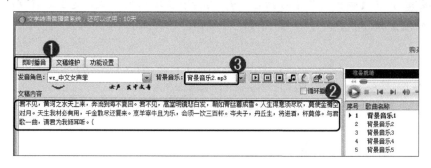

图 11-90

第 2 步　在工具栏中，单击【把文字转换成 MP3 文件】按钮♫，如图 11-91 所示。

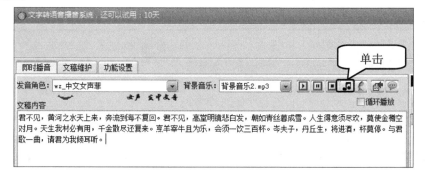

图 11-91

第 3 步　弹出【另存为】对话框，**1.** 在【文件名】文本框中，设置文件名称，**2.** 单

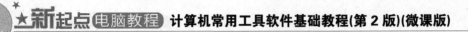

击【保存】按钮 保存(S)，即可完成将文字转换成 MP3 文件的操作，如图 11-92 所示。

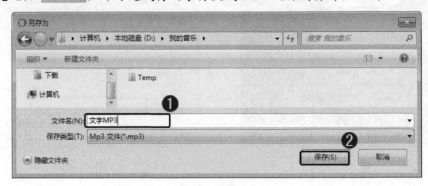

图 11-92

11.8.3　使用格式工厂去除水印

有时用户在网上下载了一个很喜欢的视频，很想拿来用，可是视频上加上了水印，这时就可以使用格式工厂去除水印了。下面详细介绍其操作方法。

第 1 步　启动并运行【格式工厂】软件，*1.* 选择【工具集】栏目，*2.* 单击【去水印】按钮 ，如图 11-93 所示。

第 2 步　弹出【输出文件】对话框，*1.* 选择准备输出的格式，这里选择【mp4】选项，*2.* 单击【确定】按钮 确定 ，如图 11-94 所示。

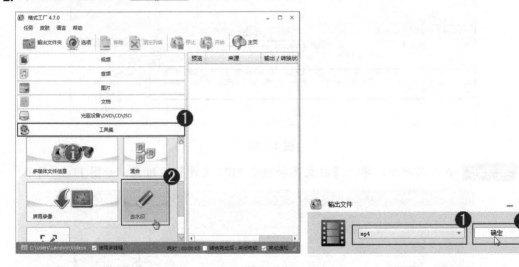

图 11-93　　　　　　　　　　　　　　　　**图 11-94**

第 3 步　弹出【打开】对话框，*1.* 选择准备去除水印的视频文件，*2.* 单击【打开】按钮 打开(O) ，如图 11-95 所示。

第 4 步　进入到【视频编辑】界面，*1.* 在【选择区域操作】区域选择【去除水印】选项，*2.* 在视频编辑区域，移动红色的方框，调整其大小和位置，将视频水印框选，*3.* 单击【确定】按钮 确定 ，如图 11-96 所示。

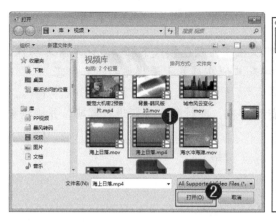

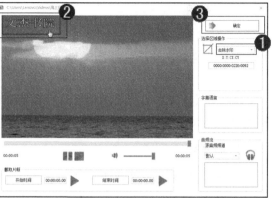

图 11-95　　　　　　　　　　　　　　　　　　图 11-96

第 5 步　进入到【MP4】对话框，*1.*设置导出视频的输出位置，*2.*单击【确定】按钮 ⇨ 确定 ，如图 11-97 所示。

第 6 步　返回到软件的主界面中，可以看到已经设置好并要进行导出的视频文件，单击【开始】按钮 开始 ，即可导出去除水印后的视频文件，如图 11-98 所示。

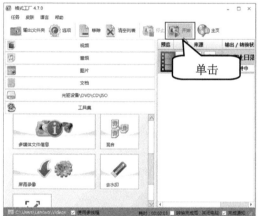

图 11-97　　　　　　　　　　　　　　　　　　图 11-98

11.9　思考与练习

1. 填空题

(1) ＿＿＿＿＿＿是一种利用数字化手段对声音进行录制、存放、编辑、压缩或播放的技术，它是随着数字信号处理技术、计算机技术、多媒体技术的发展而形成的一种全新的声音处理手段。

(2) 数字视频有不同的产生方式、存储方式和播出方式。比如通过数字摄像机直接产生数字视频信号，存储在数字带、P2 卡、蓝光盘或者磁盘上，从而得到不同格式的＿＿＿＿＿。然后通过 PC、特定的播放器等播放出来。

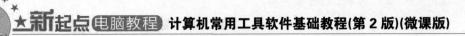

2. 判断题

(1) 使用 Camtasia Studio 的录像器功能，可以在任何颜色模式下轻松地记录屏幕动作，包括光标的运动、菜单的选择、弹出窗口、打字和其他在屏幕上看得见的所有内容。

( )

(2) 音频转换器的主要功能，是对音频进行编解码，即对数字音频进行解码，并根据数字音频编码规范保存为新的视频格式。 ( )

3. 思考题

(1) 如何使用屏幕录像专家录制屏幕录像?

(2) 如何使用格式工厂转换视频文件格式?

第**12**章

动画制作工具软件

本章主要内容

　　本章主要介绍 GIF Movie Gear 方面的知识与使用技巧，同时还讲解了如何使用 Ulead GIF Animator 软件的方法，在本章的最后还针对实际的工作需求，讲解了使用 SWiSH Max 的方法。通过本章的学习，读者可以掌握动画制作工具软件方面的知识，为深入学习计算机常用工具软件知识奠定基础。

12.1 动画 GIF 制作软件——GIF Movie Gear

GIF Movie Gear 是一个非常好用的 GIF 动画制作软件，它的操作使用非常简单，可以将动画图片文件减肥。除了可将编辑好的图片文件保存成动画 GIF 外，还以可输出成 AVI 或 ANI 动画游标的文件格式。本节将详细介绍 GIF Movie Gear 软件的相关知识及使用方法。

↑ 扫码看视频

12.1.1 GIF Movie Gear 基本操作

平常我们电脑中最常见的图片格式为 JPG 和 GIF，两者的区别是 JPG 支持颜色多些，GIF 颜色少些，简单点说就是 JPG 图片质量好过 GIF；但是 GIF 有个重要的特性，就是可以做成动态 GIF 图片，比较常见的就是 QQ 上的表情，再就是网页上一些广告图，这些都是 GIF 格式的图片。

GIF Movie Gear 这款软件的主要作用就是可以打开 GIF 动态图片并进行修改。如图 12-1 所示，当用户用 GIF Movie Gear 打开某动态 GIF 图片时，会将每帧都以一个图片的形式显示出来，这时就可以对每帧进行单独编辑和修改。

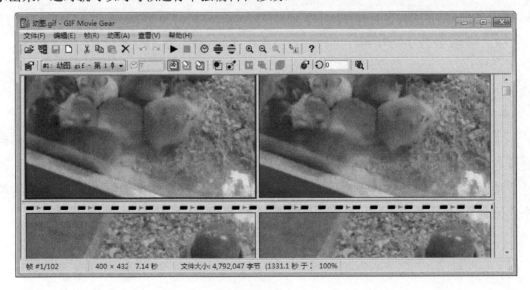

图 12-1

当然 GIF Movie Gear 特色功能并不在于这里，它的特色功能实际上是可以将 GIF 图片进行优化，如图 12-2 所示。让原本有 1000KB 大小的 GIF 图片变成只有 600KB 大小，这就是它的特色功能。

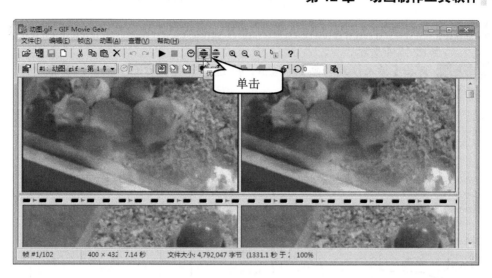

图 12-2

如果用户觉得图片还是过大的话，可以用 GIF Movie Gear 的【减少颜色】功能来缩减 GIF 文件大小，使用方法同样是单击 GIF Movie Gear 工具栏上的【减少颜色】按钮 ≡ (在【优化动画】按钮后面，如图 12-3 所示)，在【减少颜色】窗口，选择相应的颜色。当然，选择的颜色越少，修改后的文件将会越小。

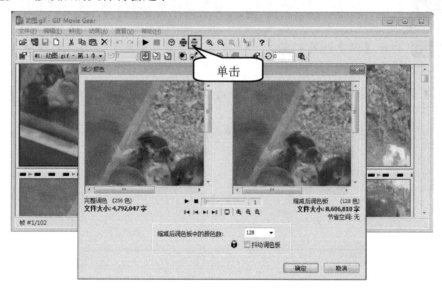

图 12-3

12.1.2　制作 GIF 动画实例

GIF Movie Gear 是一个优秀的动画创作工具，它简单易学，功能强大。下面以制作"弯曲光条动画"为例，详细介绍使用 GIF Movie Gear 软件制作 GIF 动画的操作方法。

素材保存路径： 配套素材\第 12 章

素材文件名称： "弯曲光条"文件夹、弯曲光条动画.gif

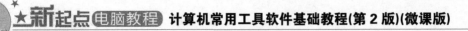

第1步 启动并运行 GIF Movie Gear 软件，进入到主界面后，单击【插入帧】按钮，如图 12-4 所示。

第2步 弹出【插入帧到动画】对话框，*1.* 选择准备制作 GIF 动画的多张图片，*2.* 单击【打开】按钮，如图 12-5 所示。

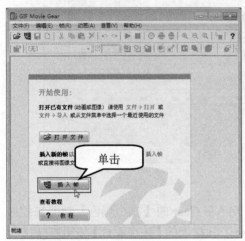

图 12-4

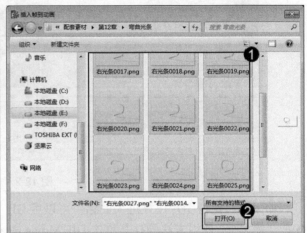

图 12-5

第3步 打开准备进行制作的图片后，在菜单栏中选择【动画】→【时间】菜单项，如图 12-6 所示。

第4步 打开【预览动画】窗口，*1.* 设置【所有帧延时】时间，*2.* 单击右上角处的【关闭】按钮，如图 12-7 所示。

图 12-6

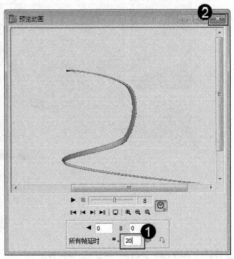

图 12-7

第5步 创建好动画后，在菜单栏中选择【文件】→【另存为】菜单项，如图 12-8 所示。

第6步 弹出【另存为】对话框，*1.* 选择准备保存的位置，*2.* 输入准备保存的文件名称，*3.* 单击【保存】按钮，如图 12-9 所示。

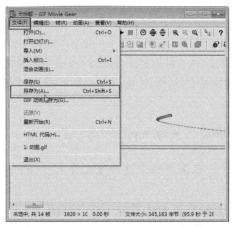

图 12-8 図 12-9

第 7 步 打开制作的 GIF 动画保存所在的文件夹，可以看到已经制作好的 GIF 文件，双击该 GIF 文件。如图 12-10 所示。

第 8 步 使用看图软件打开该 GIF 文件，即可进行预览动画，这样即可完成制作弯曲光条动画的操作，如图 12-11 所示。

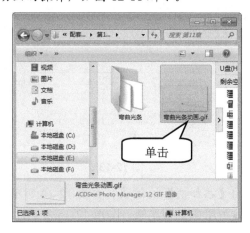

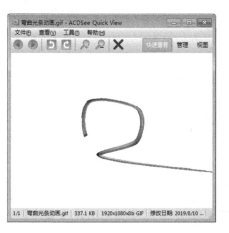

图 12-10 图 12-11

12.2　GIF 动画制作工具——Ulead GIF Animator

Ulead GIF Animator 是友立公司推出的动画 GIF 制作软件，内建的 Plugin 有许多现成的特效可以立即套用，可将 AVI 文件转成动画 GIF 文件，而且还能将动画 GIF 图片优化，能将放在网页上的动画 GIF 减肥，以便让用户能够更快速地浏览网页。本节将详细介绍 Ulead GIF Animator 的相关使用方法。

↑ 扫码看视频

12.2.1 制作图像 GIF 动画

Ulead GIF Animator 是一款制作简单 GIF 动画的软件,可以把一组图片合成为一张动态图片,也可以直接自己制作一张 GIF 动画。下面详细介绍制作图像 GIF 动画的操作方法。

素材保存路径: 配套素材\第 12 章
素材文件名称: "街霸图片集" 文件夹、街霸图片动画.gif

第 1 步 启动并运行 Ulead GIF Animator 软件,在菜单栏中选择【文件】→【打开图像】菜单项,如图 12-12 所示。

第 2 步 弹出【打开图像文件】对话框,**1.** 选择准备制作图像 GIF 动画的第 1 张素材图片,**2.** 单击【打开】按钮 打开(0),如图 12-13 所示。

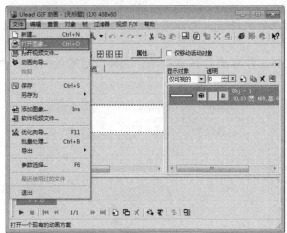

图 12-12

图 12-13

第 3 步 打开第 1 张图片后,单击下方的【添加帧】按钮,如图 12-14 所示。

第 4 步 在菜单栏中选择【文件】→【添加图像】菜单项,如图 12-15 所示。

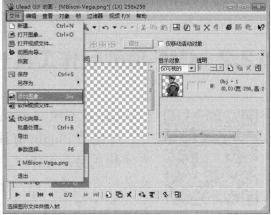

图 12-14

图 12-15

第 5 步 弹出【添加图像】对话框，**1.** 选择准备制作图像 GIF 动画的第 2 张图片，**2.** 单击【打开】按钮 打开(O)，如图 12-16 所示。

第 6 步 按照上述的方法，将所有图片都添加到下方的【时间轴】面板中，如图 12-17 所示。

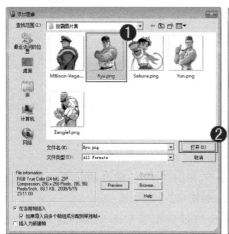

图 12-16　　　　　　　　　　　　　　　　图 12-17

第 7 步 选中所有添加的图像，**1.** 使用鼠标右键单击，**2.** 在弹出的快捷菜单中选择【画面帧属性】菜单项，如图 12-18 所示。

第 8 步 弹出【画面帧属性】对话框，**1.** 输入延迟时间，从而设置图片变换的快慢，**2.** 单击【确定】按钮 确定，如图 12-19 所示。

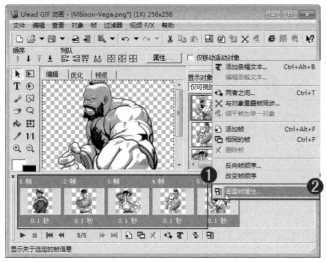

图 12-18　　　　　　　　　　　　　　　　图 12-19

第 9 步 完成设置后，返回到主界面中，用户可以单击【播放动画】按钮 ▶ 进行播放，看一下效果是否满意，如图 12-20 所示。

第 10 步 图片动画制作完毕后，在菜单栏中选择【文件】→【另存为】→【GIF 文件】菜单项，如图 12-21 所示。

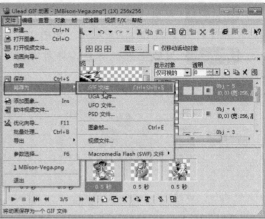

图 12-20   图 12-21

第 11 步 弹出【另存为】对话框，**1.** 选择准备保存图像 GIF 动画的位置，**2.** 输入准备保存的文件名称，**3.** 单击【保存】按钮 保存(S)，如图 12-22 所示。

第 12 步 打开保存的动画文件目录，可以看到制作好的图像 GIF 动画，这样即可完成使用 Ulead GIF Animator 制作图像 GIF 动画的操作，如图 12-23 所示。

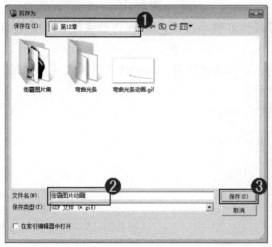

图 12-22   图 12-23

12.2.2 制作特效 GIF 动画

使用 Ulead GIF Animator 软件中的【视频 F/X】功能可以轻松地制作出具有特效的 GIF 动画，下面详细介绍其操作方法。

素材保存路径： 配套素材\第 12 章
素材文件名称： 玫瑰.png、特效动画.gif

第 1 步 启动并运行 Ulead GIF Animator 软件，在工具栏中单击【打开】按钮 ，如图 12-24 所示。

第 2 步 弹出【打开图像文件】对话框，**1.** 选择素材文件"玫瑰.png"，**2.** 单击【打开】按钮 打开(0)，如图 12-25 所示。

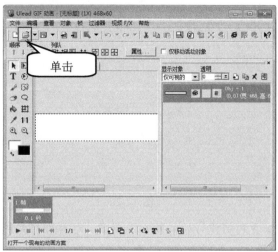

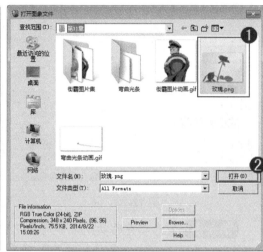

图 12-24　　　　　　　　　　　　　　　　　　　图 12-25

第 3 步 打开素材图片后，在菜单栏中选择【视频 F/X】→【F/X】→【开关-F/X】菜单项，如图 12-26 所示。

第 4 步 弹出【添加效果】对话框，**1.** 设置【画面帧】和【延迟时间】参数，**2.** 单击【确定】按钮，如图 12-27 所示。

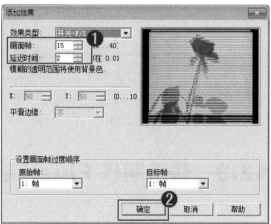

图 12-26　　　　　　　　　　　　　　　　　　　图 12-27

第 5 步 完成设置后，返回到主界面中，用户可以单击【播放动画】按钮 进行播放，看一下效果是否满意，如图 12-28 所示。

第 6 步 图片动画制作完毕后，在菜单栏中选择【文件】→【另存为】→【GIF 文件】菜单项，如图 12-29 所示。

第 7 步 弹出【另存为】对话框，**1.** 选择准备保存图像 GIF 动画的位置，**2.** 输入准备保存的文件名称，**3.** 单击【保存】按钮 保存(S)，如图 12-30 所示。

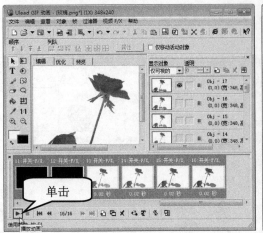

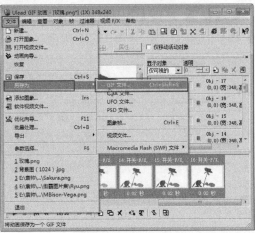

图 12-28　　　　　　　　　　　　　　　图 12-29

第8步　打开保存的动画文件目录，可以看到制作好的特效 GIF 动画，这样即可完成使用 Ulead GIF Animator 制作特效 GIF 动画的操作，如图 12-31 所示。

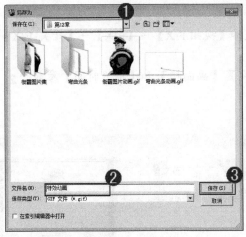

图 12-30　　　　　　　　　　　　　　　图 12-31

12.3　快速制作 Flash 动画工具——SWiSH Max

　　SWiSH Max 是一种强而有力的 Flash 创作应用，是一种多媒体格式，用于制作动画，播放动画、影像。SWiSH Max 能在简单的方式下创造 Flash。本节将详细介绍使用 SWiSH Max 的相关知识及使用方法。

↑ 扫码看视频

12.3.1　SWiSH Max 基本操作

SWiSH Max 是简易的 Flash 制作软件，虽说是简易，但首先还是需要掌握好 SWiSH Max 的基本操作，下面详细介绍其操作方法。

第 1 步　启动并运行 SWiSH Max 软件，第一次启动时，会弹出【新建影片或工程】对话框，*1.* 用户可以在该对话框中选择准备应用的工程模板大小，*2.* 单击【确定】按钮 ，如图 12-32 所示。

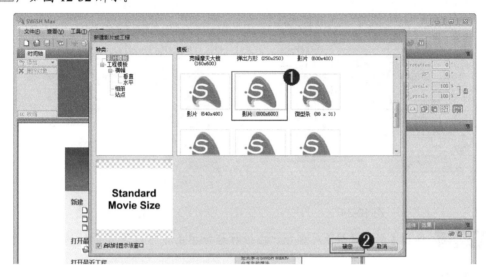

图 12-32

第 2 步　选择好画布之后，即可进入到 SWiSH Max 软件主界面中，如图 12-33 所示。

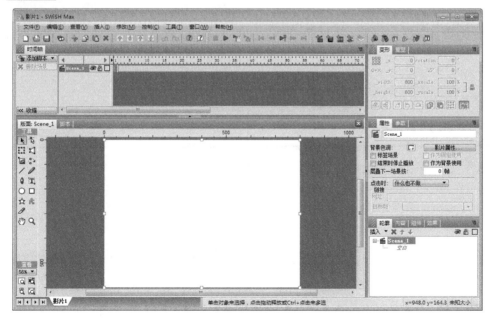

图 12-33

第3步 设置电影的背景颜色。在【属性】面板中调色，可以调出不同的颜色作为背景颜色，如图 12-34 所示。

第4步 设置电影的播放速度。在菜单栏中选择【修改】→【影片】→【属性】菜单项，如图 12-35 所示。

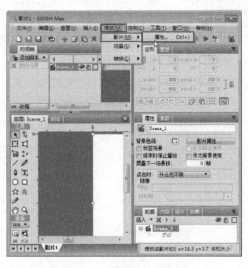

图 12-34 图 12-35

第5步 弹出【影片属性】对话框，在该对话框中用户可以设置详细的影片属性参数，如图 12-36 所示。

第6步 在菜单栏中选择【文件】→【打开】菜单项，即可打开原来已保存的扩展名为.swi 的 Swish 影片，如图 12-37 所示。

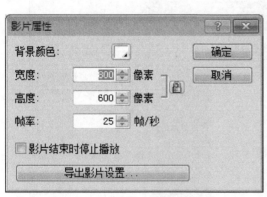

图 12-36 图 12-37

第7步 在菜单栏中选择【文件】→【导出】→【SWF】菜单项，如图 12-38 所示。

第8步 弹出【导出为 SWF 文件】，即可导出 swf 文件，然后可以通过 Flash 转 Fla

的软件，用户就可以获取源代码了，如图 12-39 所示。

图 12-38

图 12-39

12.3.2　SWiSH Max 动画实例

现在很多网站以及个人站点都有很精美的片头 Flash 动画，使用 SWiSH Max 可以很轻松地制作精彩的动画片头。下面详细介绍制作风景片头动画的操作方法。

素材保存路径：配套素材\第 12 章
素材文件名称：1.jpg、风景动画片头.swf

第 1 步 启动并运行 SWiSH Max 软件，在菜单栏中选择【文件】→【新建影片】菜单项，如图 12-40 所示。

第 2 步 弹出【新建影片】对话框，**1.** 选择新建影片的规格，这里选择【影片(800×600)】，**2.** 单击【确定】按钮 确定 ，如图 12-41 所示。

图 12-40

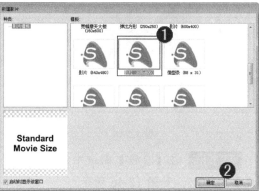

图 12-41

第3步 进入到软件主界面后，在菜单栏中选择【插入】→【导入图像】菜单项，如图 12-42 所示。

第4步 弹出【打开】对话框，1.选择【1.jpg】素材文件，2.单击【打开】按钮 打开(O) ，如图 12-43 所示。

图 12-42　　　　　　　　　　　　　　　　　　图 12-43

第5步 在【时间轴】面板中，1.选择第 1 帧，2.单击【添加效果】按钮 添加效果 ▼ ，3.在弹出的下拉菜单中选择【渐近】菜单项，4.选择【淡入】菜单项，如图 12-44 所示。

第6步 在工具栏中单击【矩形工具】 □ ，绘制一个长方矩形，上下略微比图片素材长一点，如图 12-45 所示。

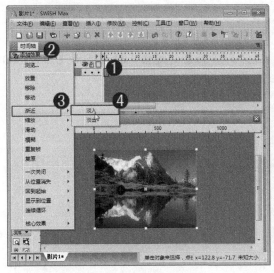
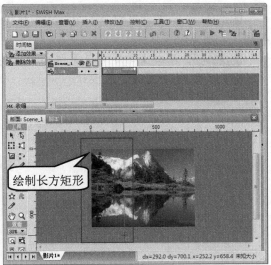

图 12-44　　　　　　　　　　　　　　　　　　图 12-45

第7步 在【属性】面板中，1.设置为【纯色】，2.设置颜色为白色，3.设置【透明度】为 40%，如图 12-46 所示。

第8步 在【时间轴】面板中，1.单击【添加效果】按钮 添加效果 ▼ ，2.在弹出的下拉菜单中选择【滑动】菜单项，*3.* 选择【从右进入】菜单项，如图 12-47 所示。

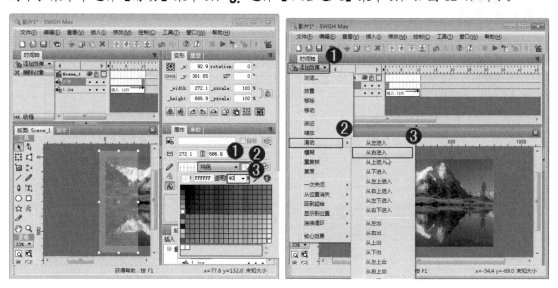

图 12-46 图 12-47

第9步 在工具栏中，选择【文字工具】，分别输入 2 个文本，第 1 个文本字体选择"黑体"，大小为 72，文字颜色为"白色"；第 2 个文本字体选择"黑体"，大小为 96，文字颜色为"白色"，如图 12-48 所示。

第10步 现在制作第 1 个文本"阿尔卑斯"效果。选择该文本，将时间线定位到第 10帧处，如图 12-49 所示。

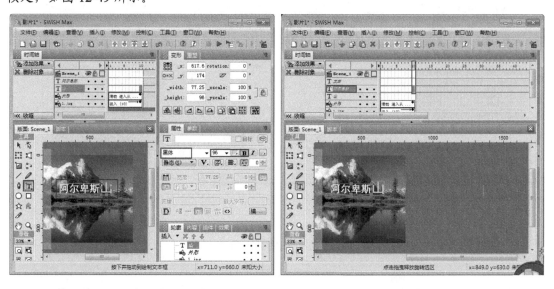

图 12-48 图 12-49

第11步 在【时间轴】面板中，*1.* 单击【添加效果】按钮 ，*2.* 在弹出的下拉菜单中选择【显示到位置】菜单项，*3.* 选择【淡变-逆擦除】菜单项，如图 12-50所示。

第12步 制作第2个文本效果。选择"山"文本,将时间线定位到第11帧位置处,如图12-51所示。

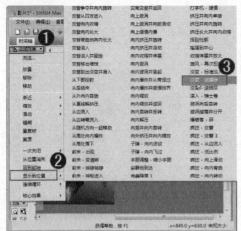

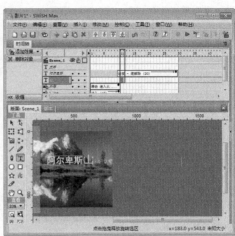

图 12-50　　　　　　　　　　　　　　　　图 12-51

第13步 在【时间轴】面板中,**1.** 单击【添加效果】按钮 添加效果 ▼ ,**2.** 在弹出的下拉菜单中选择【显示到位置】菜单项,**3.** 选择【淡变-逆擦除】菜单项,如图12-52所示。

第14步 用户可以在菜单栏中选择【控制】→【播放影片】菜单项,来预览制作的动画效果,如图12-53所示。

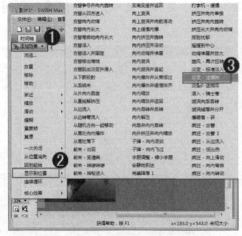

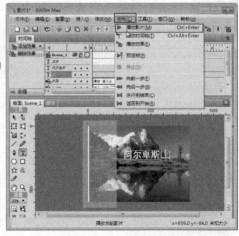

图 12-52　　　　　　　　　　　　　　　　图 12-53

第15步 此时可以看到的动画效果,如图12-54所示。

图 12-54

第16步 在菜单栏中选择【文件】→【导出】→【SWF】菜单项，如图 12-55 所示。

第17步 弹出【导出为 SWF 文件】对话框，**1.** 设置准备保存的位置，**2.** 设置文件名，**3.** 单击【保存】按钮 保存(S)，即可保存动画为 SWF 格式，完成使用 SWiSH Max 制作动画的操作，如图 12-56 所示。

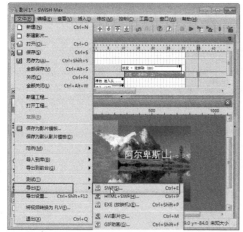

图 12-55

图 12-56

12.4 实践案例与上机指导

通过本章的学习，读者基本可以掌握动画制作工具软件的基本知识以及一些常见的操作方法。下面通过练习一些案例操作，以达到巩固学习、拓展提高的目的。

↑扫码看视频

12.4.1 使用 GIF Movie Gear 改变 GIF 图片尺寸大小

GIF 图片是我们经常使用的动画图片，不少用户经常会遇到 GIF 图片过大导致不能随心使用的情况，使用 GIF Movie Gear 可以轻松地改变 GIF 图片尺寸大小。下面详细介绍使用 GIF Movie Gear 改变 GIF 图片尺寸大小的操作方法。

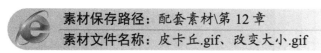

素材保存路径：配套素材\第 12 章
素材文件名称：皮卡丘.gif、改变大小.gif

第1步 启动并运行 GIF Movie Gear 软件，进入到主界面后，单击【打开文件】按钮 打开文件，如图 12-57 所示。

第2步 弹出【打开文件】对话框，**1.** 选择素材文件"皮卡丘.gif"，**2.** 单击【打开】按钮 打开(O)，如图 12-58 所示。

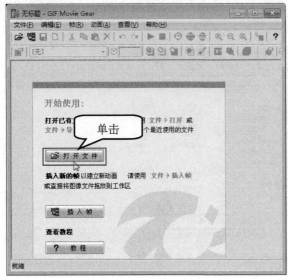

图 12-57　　　　　　　　　　　　　　　图 12-58

第3步 打开素材文件后，在菜单栏中选择【动画】→【调整大小】菜单项，如图 12-59 所示。

第4步 弹出【调整动画大小】对话框，**1.** 选择【保持宽高比】复选框，**2.** 设置新的宽度和高度大小，**3.** 单击【确定】按钮 确定，如图 12-60 所示。

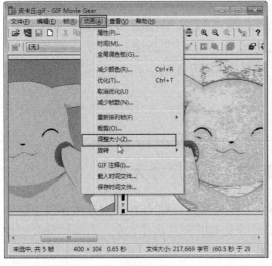

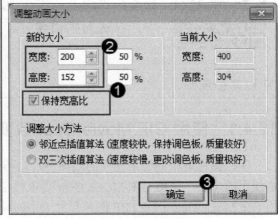

图 12-59　　　　　　　　　　　　　　　图 12-60

第5步 返回到主界面中，可以看到选择的素材文件已被改变大小，在菜单栏中选择【文件】→【另存为】菜单项，如图 12-61 所示。

第6步 弹出【另存为】对话框，**1.** 选择准备保存的位置，**2.** 输入改变大小后的文件名称，**3.** 单击【保存】按钮 保存(S)，即可完成使用 GIF Movie Gear 改变 GIF 图片尺寸大小的操作，如图 12-62 所示。

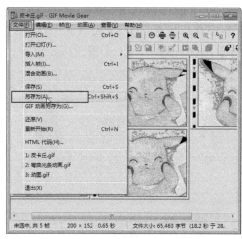

图 12-61　　　　　　　　　　　　　　　图 12-62

12.4.2　使用 GIF Movie Gear 将视频文件转换为 GIF 动画

使用 GIF Movie Gear 软件，还可以将现有的视频文件直接转换为 GIF 动画图片，从而更加方便用户的使用，将视频中精彩的画面镜头直接分享给好友。下面详细介绍使用 GIF Movie Gear 将视频文件转换为 GIF 动画的操作方法。

> 素材保存路径：配套素材\第 12 章
> 素材文件名称：花朵旋动.avi、花朵旋动.gif

第 1 步　启动并运行 GIF Movie Gear 软件，进入到主界面后，在菜单栏中选择【文件】
→【导入】→【AVI 文件】菜单项，如图 12-63 所示。

第 2 步　弹出【打开文件】对话框，*1.* 选择素材文件"花朵旋动.avi"，*2.* 单击【打开】按钮 ，如图 12-64 所示。

图 12-63　　　　　　　　　　　　　　　图 12-64

第3步 导入视频文件后，会同时弹出【预览动画】窗口，播放动画文件，在菜单栏中选择【文件】→【另存为】菜单项，如图12-65所示。

第4步 弹出【另存为】对话框，**1.** 选择准备保存的位置，**2.** 输入准备保存的文件名称，**3.** 设置【保存类型】为GIF，**4.** 单击【保存】按钮 保存(S)，如图12-66所示。

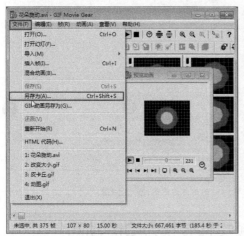

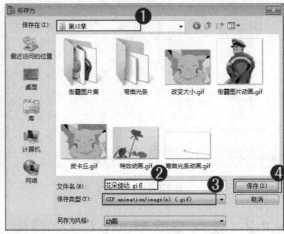

图 12-65　　　　　　　　　　　　　　　图 12-66

第5步 打开保存GIF文件所在的文件夹，可以看到已经转换成GIF的文件。双击该文件，如图12-67所示。

第6步 使用看图软件打开转换为GIF的文件，这样即可完成使用GIF Movie Gear将视频文件转换为GIF动画，如图12-68所示。

图 12-67　　　　　　　　　　　　　　　图 12-68

12.4.3　使用 Ulead GIF Animator 制作高质量 GIF 图片

有些初学者使用 Ulead GIF Animator 时，因为没有设置好，做出来的 GIF 图片质量不够好。其实使用 Ulead GIF Animator 软件，用户还可以对 GIF 图片进行优化，这通过"优化向导"就可以轻松搞定。下面详细介绍使用 Ulead GIF Animator 制作高质量 GIF 图片的操作方法。

 素材保存路径： 配套素材\第 12 章
素材文件名称： 甜甜猫.gif、优化的动态图.gif

第 1 步 启动并运行 Ulead GIF Animator 软件，进入到主界面后，单击【打开】按钮，如图 12-69 所示。

第 2 步 弹出【打开图像文件】对话框，**1.** 选择素材文件"甜甜猫.gif"，**2.** 单击【打开】按钮 打开(0) ，如图 12-70 所示。

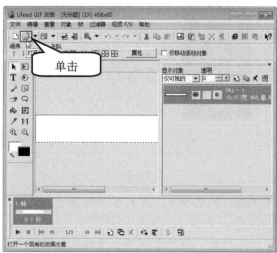

图 12-69

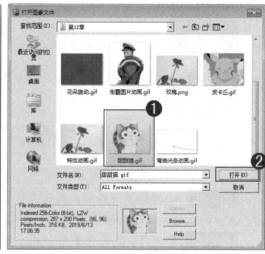

图 12-70

第 3 步 导入素材文件后，在菜单栏中选择【文件】→【优化向导】菜单项，如图 12-71 所示。

第 4 步 弹出【优化向导】对话框，**1.** 选择【不】单选按钮，**2.** 单击【下一步】按钮 下一步(N) > ，如图 12-72 所示。

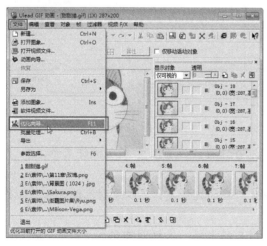

图 12-71

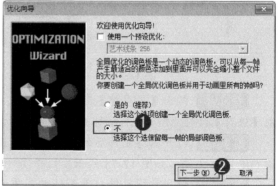

图 12-72

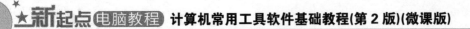

第5步 进入到【你希望调色板包含多少种颜色?】界面，**1.** 在【颜色数量】微调框中将参数设置为最大，**2.** 在【抖动数值】微调框中将参数设置为最大，**3.** 单击【下一步】按钮 下一步(N) ，如图 12-73 所示。

第6步 进入到下一界面，**1.** 在【你要移除在图像的图层(帧)多余的像素吗?】区域下方选择【否】单选按钮，**2.** 在【你要移除所有注释提高缩小文件大小吗?】区域下方选择【是(推荐)】单选按钮，**3.** 单击【下一步】按钮 下一步(N) ，如图 12-74 所示。

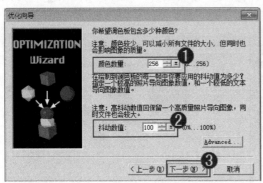

图 12-73

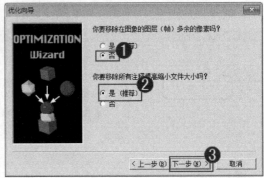

图 12-74

第7步 进入到下一界面，显示"这里是您选定的选项"，用户可以检查一下是否为自己满意的设置，确认后单击【完成】按钮 完成 ，如图 12-75 所示。

第8步 弹出【GIF 优化】对话框，显示优化结果，用户可以单击【预览】按钮先看一下是否满意，确认后单击【另存为】按钮 另存为... ，如图 12-76 所示。

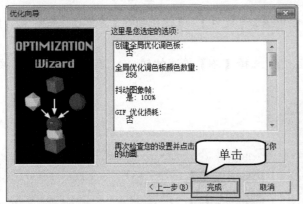

图 12-75

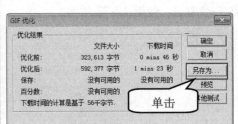

图 12-76

第9步 弹出【另存为】对话框，**1.** 选择准备保存的位置，**2.** 设置文件名称，**3.** 单击【保存】按钮 保存(S) ，如图 12-77 所示。

第10步 打开保存制作后的高质量 GIF 图片所在的文件夹，可以看到已经保存。双击该 GIF 图片文件，如图 12-78 所示。

第11步 使用看图软件打开制作的高质量 GIF 的文件，这样即可完成使用 Ulead GIF Animator 制作高质量 GIF 图片的操作，如图 12-79 所示。

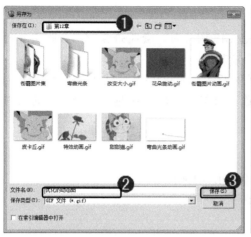

图 12-77

图 12-78

图 12-79

12.5　思考与练习

1. 填空题

(1) 如果用户觉得图片还是过大的话，还可以用 GIF Movie Gear 的【＿＿＿＿＿＿】功能来缩减 GIF 文件大小。

(2) 使用 Ulead GIF Animator 软件中的【＿＿＿＿＿＿】功能可以轻松地制作出具有特效的 GIF 动画。

2. 判断题

(1) 平常我们电脑中最常见的图片格式为 JPG 和 GIF，两者的区别是 JPG 支持颜色多些，GIF 颜色少些，简单点说就是 GIF 图片质量好过 JPG；但是 GIF 有个重要的特性，就

是可以做成动态 GIF 图片。　　　　　　　　　　　　　　　　　　　　　　　(　　)

(2) 当用户用 GIF Movie Gear 打开某动态 GIF 图片时，会将每帧都以一张图片的形式显示出来，这时就可以对每帧进行单独编辑和修改。　　　　　　　　　　　　　　(　　)

(3) 单击 GIF Movie Gear 工具栏上的【减少颜色】按钮 (在【优化动画】按钮后面)，在【减少颜色】窗口，用户需选择相应的颜色，当然选择的颜色越少，修改后的文件将会越小。　　　　　　　　　　　　　　　　　　　　　　　　　　　　　　　　(　　)

3. 思考题

(1) 如何使用 Ulead GIF Animator 制作图像 GIF 动画？

(2) 如何使用 GIF Movie Gear 制作 GIF 动画？

第13章

电脑安全与防护应用

本章要点

- 金山毒霸
- 360 安全卫士
- 驱动精灵
- 360 杀毒

本章主要内容

　　本章主要介绍金山毒霸和 360 安全卫士方面的知识与技巧，同时还讲解了如何使用驱动精灵的方法，在本章的最后还针对实际的工作需求，讲解了使用360 杀毒的方法。通过本章的学习，读者可以掌握电脑安全与防护应用方面的知识，为深入学习计算机常用工具软件知识奠定基础。

13.1　金山毒霸

　　金山毒霸是一款查杀病毒、优化管理的电脑安全防护软件。金山毒霸操作简单，软件小巧，用户选择相应的功能就可以对电脑进行细致的管理优化；而且金山毒霸软件功能全面，便捷快速，可以帮助用户查杀病毒、优化电脑、升级卸载软件等，为用户的使用带来便捷。本节将详细介绍金山毒霸的知识。

↑ 扫码看视频

13.1.1　全盘扫描病毒

　　【全面扫描】选项可以对用户的电脑进行全面的检测，但是时间会久一些。下面详细介绍使用金山毒霸进行全盘扫描病毒的操作方法。

　　第1步　启动并运行【金山毒霸】软件，进入到主界面后，单击【全面扫描】按钮，
全面扫描 ，如图13-1所示。

　　第2步　进入到【正在扫描】界面，显示扫描的分数和问题等，用户需要在线等待一段时间，如图13-2所示。

图13-1

图13-2

　　第3步　扫描结束后，可以看到一共有多少项问题需要修复，单击【一键修复】按钮
一键修复 即可完成全盘扫描病毒的操作，如图13-3所示。

图 13-3

13.1.2　软件净化

使用软件净化功能可以扫描出软件中自带的广告弹窗、推广软件以及捆绑等，检测完成后可以对这些软件进行净化，净化完成后弹窗广告、捆绑软件就会被清除掉，能够让用户纯净地使用软件。

第1步 启动并运行【金山毒霸】软件，进入到主界面后，单击左下角的【广告净化】按钮，如图 13-4 所示。

第2步 弹出【金山毒霸软件净化】对话框，*1.* 设置【捆绑拦截】的强弱和【安装净化】为【开】，*2.* 单击【立即扫描】按钮，如图 13-5 所示。

图 13-4

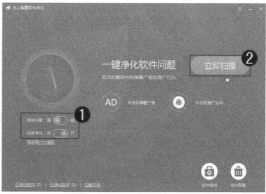

图 13-5

第3步 进入到【正在扫描已安装的软件】界面，用户需要在线等待一段时间，如图 13-6 所示。

第4步 扫描结束后，*1.* 选择准备进行净化的软件，*2.* 单击【一键净化】按钮，如图 13-7 所示。

图 13-6

图 13-7

第5步 进入到【正在净化有弹窗或推广行为的软件】界面,用户需要在线等待一段时间,如图 13-8 所示。

第6步 进入到【已净化 1 款有弹窗或推广行为的软件】界面,这样即可完成软件净化的操作,如图 13-9 所示。

图 13-8

图 13-9

13.1.3 闪电查杀

用户选择闪电查杀功能,会有全盘查杀和自定义查杀两个选项,如图 13-10 所示。

图 13-10

全面查杀会对电脑进行全盘的所有文件扫描检测,花费时间会很长;自定义查杀时,用户可以选择查杀的范围进行局部扫描检测，花费的时间较少。用户可以根据自己的需要选项查杀的类型，即可进入到【闪电查杀】界面，如图 13-11 所示。检测完成后进行清理，就可以完成闪电查杀了。

图 13-11

13.1.4　垃圾清理

金山毒霸的垃圾清理功能会检测出电脑中的垃圾文件，包括视频音频、上网残留、社交软件等产生的垃圾文件，经常清理垃圾会保证电脑的健康快速运行。下面详细介绍使用金山毒霸进行垃圾清理的操作方法。

第 1 步 启动并运行【金山毒霸】软件，进入到主界面后，单击下方的【垃圾清理】按钮 ，如图 13-12 所示。

第 2 步 进入到【正在扫描垃圾】界面，用户需要在线等待一段时间，如图 13-13 所示。

图 13-12　　　　　　　　　　　　　　　　图 13-13

第 3 步 进入到【扫描完成】界面，显示扫描出来的垃圾文件大小以及垃圾文件的类型，单击【一键清理】按钮 ，如图 13-14 所示。

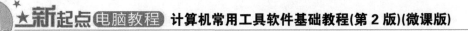

第4步 进入到【正在清理】界面，显示清理的垃圾所属的软件，用户需要在线等待一段时间，如图13-15所示。

图 13-14　　　　　　　　　　　　图 13-15

第5步 进入到【完成清理】界面，显示已清理的垃圾文件大小，这样即可完成使用金山毒霸进行垃圾清理的操作，如图13-16所示。

图 13-16

13.1.5　电脑加速

金山毒霸软件的电脑加速功能会扫描电脑中的可加速选项，软件的开机自启、系统的一些辅助功能等都可以进行优化。使用电脑加速功能，可以让电脑快速地开机运行。下面详细介绍使用金山毒霸进行电脑加速的操作方法。

第1步 启动并运行【金山毒霸】软件，进入到主界面后，单击下方的【电脑加速】按钮，如图13-17所示。

第2步 进入到【正在扫描可加速项】界面，用户需要在线等待一段时间，如图13-18所示。

330

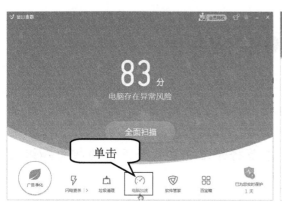

图 13-17　　　　　　　　　　　　　　　　图 13-18

第3步　进入到【扫描完成】界面，显示扫描出来的可加速项目，**1.** 选择准备进行加速的复选框，**2.** 单击【一键加速】按钮 ，如图 13-19 所示。

第4步　进入到【正在加速】界面，显示正在关闭自启动的软件，用户需要在线等待一段时间，如图 13-20 所示。

图 13-19　　　　　　　　　　　　　　　　图 13-20

第5步　进入到【加速完成】界面，显示优化的项目数量，这样即可完成使用金山毒霸进行电脑加速的操作，如图 13-21 所示。

图 13-21

13.2 360 安全卫士

360 安全卫士拥有查杀木马、清理插件、修复漏洞、电脑体检、保护隐私等多种功能，能智能地拦截各类木马，保护用户的账号等重要信息。本节将介绍 360 安全卫士的相关知识及使用方法。

↑ 扫码看视频

13.2.1 电脑体检

使用 360 安全卫士进行电脑体检，可以全面地找出电脑中的不安全因素和速度慢问题，并且能一键进行修复。下面详细介绍使用 360 安全卫士进行电脑体检的操作方法。

第 1 步　启动并运行【360 安全卫士】程序，单击【立即体检】按钮 立即体检 ，如图 13-22 所示。

图 13-22

第 2 步　进入到【智能扫描中】界面，用户需要等待一段时间，如图 13-23 所示。

图 13-23

第 3 步　扫描结束后，系统会显示检查的项目及电脑状态，单击【一键修复】按钮
，即可完成电脑体检的操作，如图 13-24 所示。

图 13-24

13.2.2　木马查杀

360 安全卫士中的木马查杀功能通过扫描木马、易感染区、系统设置、系统启动项、浏览器组件、系统登录和服务、文件和系统内存、常用软件、系统综合和系统修复项，来彻底地查杀、修复电脑中的问题，下面详细介绍木马查杀的操作方法。

第 1 步　启动【360 安全卫士】程序，单击【木马查杀】按钮，如图 13-25 所示。

第 2 步　进入到【木马查杀】界面，单击【快速查杀】按钮，如图 13-26 所示。

图 13-25

图 13-26

第 3 步　进入到【智能扫描中】界面，用户需要等待一段时间，如图 13-27 所示。

第 4 步　扫描结束后，系统会提示需要处理的危险项，单击【一键处理】按钮，即可完成木马查杀的操作，如图 13-28 所示。

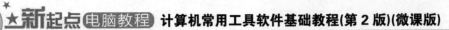

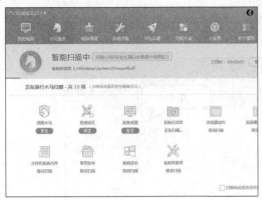

图 13-27

图 13-28

智慧锦囊

　　使用 360 安全卫士进行木马查杀后，如果要保证生效，需要重启电脑。如果用户还要继续使用电脑，可以单击【稍后我自行重启】按钮。

13.2.3　电脑清理

　　360 安全卫士中的电脑清理功能可以对一些没用的垃圾文件进行清理，让用户的电脑保持最轻松的状态。下面详细介绍电脑清理的操作方法。

　第 1 步　启动并运行【360 安全卫士】程序，单击【电脑清理】按钮，如图 13-29 所示。

　第 2 步　进入到【电脑清理】界面，单击【全面清理】按钮，如图 13-30 所示。

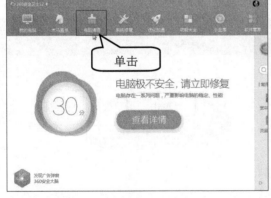

图 13-29

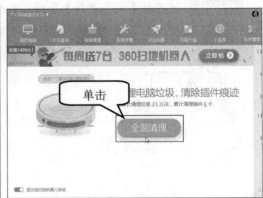

图 13-30

　第 3 步　进入到【正在扫描】界面，用户需要等待一段时间，如图 13-31 所示。

　第 4 步　扫描结束后，系统会提示需要进行清理的插件、软件以及垃圾文件等，单击【一键清理】按钮，如图 13-32 所示。

图 13-31　　　　　　　　　　　　　　图 13-32

第 5 步　进入到【智能清理中】界面，用户需要在线等待一段时间，如图 13-33 所示。

第 6 步　进入到【清理完成】界面，显示完成清理的情况，单击【完成】按钮 完成 即可完成电脑清理的操作，如图 13-34 所示。

图 13-33　　　　　　　　　　　　　　图 13-34

13.2.4　优化加速

360 安全卫士中的优化加速功能可以全面提升用户电脑的开机速度、系统运行速度、上网速度和硬盘速度等，下面将详细介绍优化加速的操作方法。

第 1 步　启动【360 安全卫士】程序，单击【优化加速】按钮，进入到【优化加速】界面，然后单击【全面加速】按钮 全面加速 ，如图 13-35 所示。

图 13-35

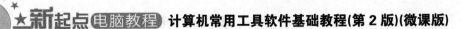

第2步 进入到【智能扫描中】界面，用户需要等待一段时间，如图 13-36 所示。

第3步 扫描结束后，系统会提示需要进行的优化项，单击【立即优化】按钮 立即优化 ，即可完成优化加速的操作，如图 13-37 所示。

图 13-36

图 13-37

智慧锦囊

使用 360 安全卫士进入到【优化加速】界面后，在右侧的【更多加速】区域，单击【单项加速】按钮，然后可以根据需要选择开机加速、软件加速、系统加速、网络加速和硬盘加速等进行单项加速操作。

13.3 驱动精灵

驱动精灵是一款集驱动管理和硬件检测于一体的、专业级的驱动管理与维护工具。驱动精灵为用户提供驱动备份、恢复、安装、删除、在线更新等实用功能，本节将详细介绍使用驱动精灵的相关知识及使用方法。

↑ 扫码看视频

13.3.1 更新驱动

为了让硬件的兼容性更好，厂商会不定期推出硬件驱动的更新程序，以保证硬件功能使用最大化。驱动精灵提供了专业级驱动识别能力，能够智能识别计算机硬件并且为用户的计算机匹配最适合的驱动程序，严格保证系统稳定性。下面以更新 Realtek RTL81XX 系列网卡驱动为例，详细介绍如何使用驱动精灵更新驱动程序。

第1步 在【驱动精灵】主界面右下角，单击【百宝箱】按钮，如图 13-38 所示。

第2步 进入下一界面，*1.* 选择【驱动管理】选项卡，*2.* 在准备进行更新驱动名称的右侧，单击【升级】按钮 ，如图 13-39 所示。

图 13-38

图 13-39

第3步 弹出【Realtek Ethernet Controller Driver】对话框，单击【下一步】按钮，如图 13-40 所示。

第4步 进入【可以安装该程序了】界面，单击【安装】按钮，如图 13-41 所示。

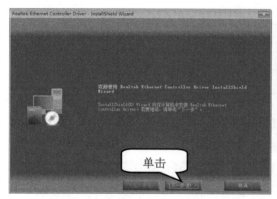

图 13-40

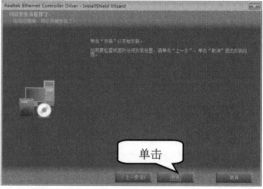

图 13-41

第5步 进入【安装状态】界面，用户需要在线等待一段时间，如图 13-42 所示。

第6步 进入【InstallShield Wizard 完成】界面，单击【完成】按钮，即可完成更新驱动的操作，如图 13-43 所示。

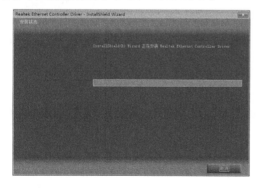

图 13-42

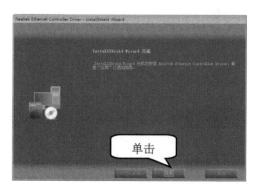

图 13-43

13.3.2 驱动备份与还原

驱动精灵除了具有更新驱动程序功能以外，还具有驱动备份和还原的功能，方便重装电脑系统后快速地安装驱动程序，这样能省去很多寻找驱动的麻烦。下面详细介绍使用驱动精灵进行驱动备份与还原的操作方法。

第1步 进入【驱动管理】界面，*1.* 单击界面右侧的下拉按钮，*2.* 在弹出的下拉列表框中，选择【备份】选项，如图 13-44 所示。

第2步 进入【备份驱动】界面，*1.* 选择【备份驱动】选项卡，*2.* 在准备备份驱动名称的右侧，单击【备份】按钮 备份 ，如图 13-45 所示。

图 13-44   图 13-45

第3步 通过以上步骤即可完成驱动备份的操作，如图 13-46 所示。

第4步 进入【驱动备份还原】界面，选择【还原驱动】选项卡，如图 13-47 所示。

图 13-46   图 13-47

第5步 在准备进行还原驱动名称的右侧，单击【还原】按钮 还原 ，如图 13-48 所示。

第6步 通过以上步骤即可完成还原驱动的操作，如图 13-49 所示。

図 13-48　　　　　　　　　　　　　　　図 13-49

智慧锦囊

　　驱动精灵不仅可以帮助用户找到驱动程序，还提供系统所需的常用补丁包。在主界面中，单击【系统助手】按钮，进入到【系统助手】界面，软件会自动检查系统的配置、漏洞补丁和系统组件等多个选项并进行修复。

13.3.3　卸载驱动程序

　　对于因错误安装或其他原因导致的驱动程序残留，使用驱动精灵可以卸载驱动程序。下面以卸载 Realtek HD Audio 音频驱动为例，详细介绍如何使用驱动精灵卸载驱动程序。

　　第 1 步　进入【驱动管理】界面，*1.* 在准备进行卸载驱动名称的右侧，单击下拉按钮▼，*2.* 在弹出的下拉列表框中，选择【卸载】选项，如图 13-50 所示。

　　第 2 步　弹出【驱动卸载】对话框，单击【继续卸载】按钮 继续卸载 ，如图 13-51 所示。

図 13-50　　　　　　　　　　　　　　　図 13-51

　　第 3 步　进入【驱动卸载成功】界面，单击【确定】按钮 确定 ，即可完成卸载驱动程序的操作，如图 13-52 所示。

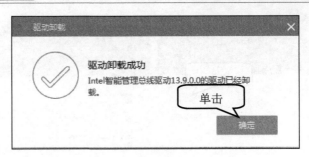

图 13-52

13.4　360 杀 毒

　　360 杀毒是 360 安全中心出品的一款免费的云安全杀毒软件,具有查杀率高、资源占用少、升级迅速等优点,其防杀病毒能力得到多个国际权威安全软件评测机构认可,荣获多项国际权威认证。本节将详细介绍使用 360 杀毒的相关知识及操作。

↑　扫码看视频

13.4.1　全盘扫描

　　全盘扫描是对电脑的全部磁盘文件系统进行完整扫描,选择此模式将对用户的电脑系统中全部文件逐一进行过滤扫描,彻底清除非法侵入并驻留系统的全部病毒文件。下面详细介绍全盘扫描的操作方法。

　　第 1 步　启动并运行【360 杀毒】软件,单击【全盘扫描】按钮,如图 13-53 所示。

　　第 2 步　进入到【360 杀毒-全盘扫描】界面,系统会自动进行全盘扫描,用户需要在线等待一段时间,如图 13-54 所示。

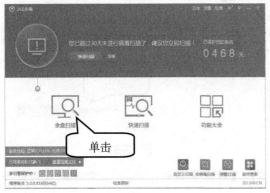

图 13-53　　　　　　　　　　　　　　　图 13-54

　当扫描结束后，系统会显示出扫描结果，如果有系统异常项，可以选择准备进行处理的选项，然后单击【立即处理】按钮，即可完成全盘扫描的操作，如图 13-55 所示。

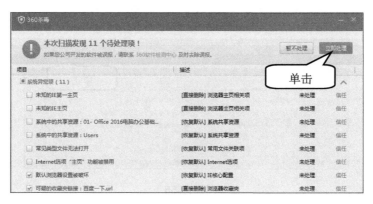

图 13-55

智慧锦囊

在【360 杀毒-全盘扫描】界面，用户还可以根据需要选择【速度最快】或者【性能最佳】单选按钮，进行扫描设置。

13.4.2　快速扫描

快速扫描模式只对电脑中的系统文件夹等敏感区域进行独立扫描，因为一般病毒入侵系统后，均会在此区域进行一些非法的恶意修改。由于扫描范围较小，扫描速度会较快，通常只需若干分钟。下面详细介绍快速扫描的操作方法。

第 1 步　启动并运行【360 杀毒】软件，单击【快速扫描】按钮，如图 13-56 所示。

第 2 步　进入到【360 杀毒-快速扫描】界面，系统会自动进行快速扫描，用户需要在线等待一段时间，如图 13-57 所示。

图 13-56

图 13-57

第3步 当扫描结束后，系统会显示扫描结果，如果有系统异常项，可以选择准备进行处理的选项，然后单击【立即处理】按钮 立即处理，即可完成快速扫描的操作，如图 13-58 所示。

图 13-58

 智慧锦囊

一般情况下，使用 360 杀毒处理掉的文件，都会先保存在隔离文件中。如果想恢复这些被处理掉的文件，可以单击主界面中的【查看隔离文件】选项，进入到【360 恢复区】，找到需要恢复的文件，单击该文件右侧的【恢复】按钮，即可恢复该文件。

13.4.3 自定义扫描

使用自定义扫描功能，可以通过扫描指定的目录和文件来查杀病毒文件。下面详细介绍自定义扫描的操作方法。

第1步 启动并运行【360 杀毒】软件，单击右下角的【自定义扫描】按钮 ，如图 13-59 所示。

第2步 弹出【选择扫描目录】对话框，**1.** 选择准备要扫描的目录或文件，**2.** 单击【扫描】按钮 扫描，如图 13-60 所示。

图 13-59

图 13-60

第3步 进入到【360 杀毒-自定义扫描】界面，系统会自动进行扫描，用户需要在线等待一段时间。用户还可以进行暂停或停止等操作，这样即可完成自定义扫描，如图 13-61 所示。

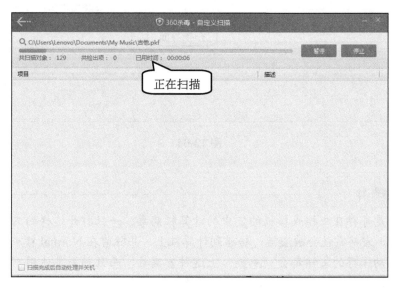

图 13-61

13.4.4　宏病毒扫描

对办公族和学生电脑用户来说，最头疼的莫过于 Office 文档感染宏病毒，轻则辛苦编辑的文档全部报废，重则私密文档被病毒窃取。360 杀毒的宏病毒扫描可全面查杀寄生在 Excel、Word 等文档中的 Office 宏病毒，下面详细介绍宏病毒扫描的操作方法。

第1步 启动并运行【360 杀毒】软件，单击右下角的【宏病毒扫描】按钮，如图 13-62 所示。

第2步 弹出【360 杀毒】对话框，系统提示"扫描前请保存并关闭已打开的 Office 文档"，单击【确定】按钮　确定　，如图 13-63 所示。

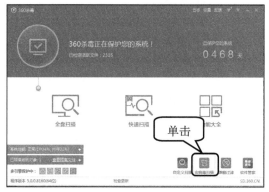

图 13-62

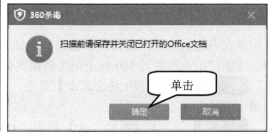

图 13-63

第3步 进入到【360 杀毒-宏病毒扫描】界面，系统会自动进行扫描，用户需要在线

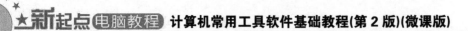

等待一段时间。这样即可完成宏病毒扫描的操作，如图 13-64 所示。

图 13-64

知识精讲

　　宏病毒是寄存在文档或模板的宏中的计算机病毒。一旦打开这样的文档，其中的宏会被执行，宏病毒就会被激活，转移到计算机上，并驻留在 Normal 模板上。从此以后，所有自动保存的文档都会"感染"上这种宏病毒，而且如果其他用户打开了感染病毒的文档，宏病毒又会转移到他的计算机上。

13.5　实践案例与上机指导

　　通过本章的学习，读者基本可以掌握电脑安全与防护应用的基本知识以及一些常见的操作方法。下面通过练习一些案例操作，以达到巩固学习、拓展提高的目的。

↑扫码看视频

13.5.1　使用 360 安全卫士测试宽带速度

　　现在办理的宽带，运营商都会说网速达几百兆，但是往往可能并没有运营商说的那么快。下面详细介绍使用 360 安全卫士测试宽带速度的方法。

　　第 1 步　启动【360 安全卫士】程序，进入到主界面后，单击【功能大全】按钮，如图 13-65 所示。

　　第 2 步　进入到【功能大全】界面，1. 选择【我的工具】选项卡，2. 单击【宽带测速器】按钮，如图 13-66 所示。

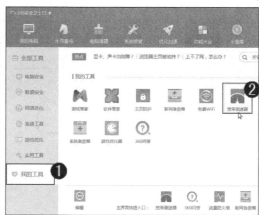

图 13-65　　　　　　　　　　　　　　　　图 13-66

第 3 步　弹出【360 宽带测速器】对话框，显示"正在进行宽带测速，整个过程大概需要 15 秒"信息，如图 13-67 所示。

第 4 步　当测速完成后，会显示最大的接入速度和相当于多少兆的宽带，通过以上步骤即可完成使用 360 安全卫士测试宽带速度，如图 13-68 所示。

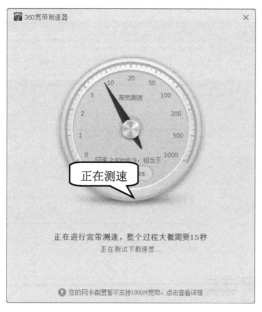

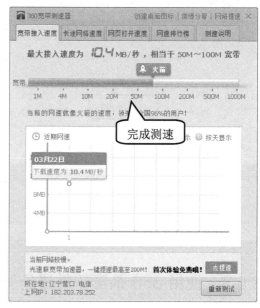

图 13-67　　　　　　　　　　　　　　　　图 13-68

13.5.2　使用 360 软件管家卸载软件

使用 360 软件管家，用户可以轻松地卸载当前电脑上的软件，清除软件残留的垃圾。有些大型软件不能完全卸载，剩余文件会占用大量磁盘空间，而这个功能可以将这类垃圾文件删除。下面详细介绍使用 360 软件管家卸载软件的操作方法。

第 1 步　启动【360 安全卫士】程序，单击【软件管家】按钮，如图 13-69 所示。

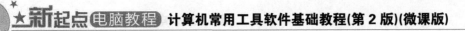

第2步 打开【360 软件管家】对话框，**1.** 选择【卸载】选项卡，**2.** 选择准备卸载的软件，单击其右侧的【一键卸载】按钮 ，如图 13-70 所示。

图 13-69　　　　　　　　　　　　　　　　　图 13-70

第3步 可以看到系统正在卸载软件，用户需要等待一段时间，如图 13-71 所示。

第4步 进入到【卸载完成】界面，显示卸载的情况，这样即可完成使用 360 软件管家卸载软件的操作，如图 13-72 所示。

图 13-71

图 13-72

13.5.3　使用 360 杀毒软件进行弹窗过滤

使用电脑时经常会用到各种软件。但是每当我们打开某些软件的时候，会弹出一个或者多个窗口，这让人非常反感。下面详细介绍使用 360 杀毒进行弹窗过滤的操作方法。

第1步 启动并运行【360 杀毒】软件，单击右下角的【弹窗过滤】按钮，如图 13-73 所示。

第2步 弹出【弹窗过滤器】对话框和【弹窗过滤器-设置】对话框，**1.** 在【弹窗过滤器-设置】对话框中选择需要过滤的插件，**2.** 单击【确定】按钮 ，如图 13-74 所示。

第3步 返回到【弹窗过滤器】对话框，**1.** 设置进行拦截的类型，**2.** 单击【手动添加】按钮，如图 13-75 所示。

图 13-73　　　　　　　　　　　　　　　　　　　图 13-74

第4步　弹出【弹窗过滤管理】对话框，**1.** 选择准备进行拦截的项目，**2.** 单击【确认开启】按钮 ▢确认开启 ，如图 13-76 所示。

图 13-75　　　　　　　　　　　　　　　　　　　图 13-76

第5步　返回到【弹窗过滤器】对话框，可以看到选择的项目已被添加到拦截器中，这样即可完成拦截弹窗的操作，如图 13-77 所示。

图 13-77

13.6 思考与练习

1. 填空题

(1) 使用_____功能可以扫描出软件中自带的广告弹窗、推广软件以及捆绑等,检测完成后可以对这些软件进行净化,净化完成后弹窗广告、捆绑软件就会被清除掉,能够让用户纯净地使用软件。

(2) 金山毒霸的_____功能会检测出电脑中的垃圾文件,包括视频音频、上网残留、社交软件等产生的垃圾文件,经常清理垃圾会保证电脑的健康快速运行。

(3) 金山毒霸软件的_____功能会扫描电脑中的可加速选项,软件的开机自启、系统的一些辅助功能等都可以进行优化。使用电脑加速功能,可以让电脑快速地开机运行。

(4) 360安全卫士中的_____功能通过扫描木马、易感染区、系统设置、系统启动项、浏览器组件、系统登录和服务、文件和系统内存、常用软件、系统综合和系统修复项,来彻底地查杀、修复电脑中的问题。

(5) 为了让硬件的兼容性更好,厂商会不定期推出硬件驱动的_____,以保证硬件功能使用最大化。

(6) _____是对电脑的全部磁盘文件系统进行完整扫描,选择此模式将对用户的电脑系统中全部文件逐一进行过滤扫描,彻底清除非法侵入并驻留系统的全部病毒文件。

2. 判断题

(1) 全面查杀会对电脑进行全盘的所有文件扫描检测,花费时间会很长;自定义查杀时,用户可以选择查杀的范围进行局部扫描检测,花费的时间较少。用户可以根据自己的需要选项查杀的类型,即可进入到【闪电查杀】界面。   ( )

(2) 使用360安全卫士进行木马查杀,可以全面地查出电脑中的不安全和速度慢问题,并且能一键进行修复。   ( )

(3) 360安全卫士中的优化加速功能可以全面提升用户电脑的开机速度、系统运行速度、上网速度和硬盘速度等。   ( )

(4) 驱动精灵除了更新驱动程序功能以外,还具有驱动备份和还原的功能,方便重启电脑系统后快速地安装驱动程序,这样省去了很多找驱动的麻烦。   ( )

(5) 快速扫描模式只对电脑中的系统文件夹等敏感区域进行独立扫描,因为一般病毒入侵系统后,均会在此区域进行一些非法的恶意修改。由于扫描范围较小,扫描速度会较快,通常只需若干分钟。   ( )

3. 思考题

(1) 如何使用金山毒霸进行软件净化?

(2) 如何使用360安全卫士进行电脑清理?

第14章

移动设备应用软件

本章要点

📖 360 手机助手
📖 豌豆荚

本章主要内容

本章主要介绍使用 360 手机助手方面的知识与技巧，同时还讲解了如何使用豌豆荚的操作方法。通过本章的学习，读者可以掌握移动设备应用软件方面的知识，为深入学习计算机常用工具软件知识奠定基础。

14.1 360 手机助手

360 手机助手是中国最大、最安全的安卓手机应用市场，拥有最新、最热安卓手机软件免费下载，精彩安卓手机软件一网打尽。所有应用均经过 360 安全检测，绿色无毒。本节将详细介绍 360 手机助手的相关知识及使用方法。

↑ 扫码看视频

14.1.1 360 手机助手电脑版功能特色

使用 360 手机助手可以很好地管理用户的软件，简单实用。如果需要一款软件管家，不妨试试 360 手机助手，下面详细介绍 360 手机助手电脑版的功能特色。

1. 资源丰富，绿色无毒

360 手机助手是一个软件宝库，为用户搜集上万款软件应用。这些软件都是经 360 安全检测审核认证的，可放心下载安装，无毒无捆绑。

2. 极速安装，方便管理

360 手机助手分类管理应用，方便查找。下载、安装、升级一条龙服务，让用户使用最少流量轻松安全获取资源。

3. 备份还原，轻松搞定

360 手机助手可以帮用户备份短信、联系人信息，帮用户轻松管理手机文件。

4. 实用工具，贴心体验

电子书、视频、音乐、壁纸，只要用户喜欢的，360 手机助手这里全都有。

14.1.2 手机连接 360 手机助手

如果准备使用 360 手机助手，那么首先必须将手机与 360 手机助手软件连接。下面以连接安卓手机为例，来详细介绍手机连接 360 手机助手的操作方法。

第 1 步　启动并运行【360 手机助手】软件，提示未连接手机，此时使用 USB 数据线将手机和电脑连接，如图 14-1 所示。

第 2 步　进入到下一界面，显示手机连接中，如图 14-2 所示。

第 3 步　此时打开用户自己的手机，点击【设置】进入到【设置】界面，选择【系统】选项，如图 14-3 所示。

图 14-1　　　　　　　　　　　　　　　　　　　图 14-2

第 4 步　进入到【系统】界面，点击【开发人员选项】选项，如图 14-4 所示。

图 14-3　　　　　　　　　　　　　　　　　　　图 14-4

第 5 步　进入到【开发人员选项】界面，弹出【是否允许 USB 调试】对话框，点击【确定】按钮，如图 14-5 所示。

第 6 步　再次弹出【是否允许 USB 调试】对话框，提示这台计算机的 RSA 密钥指纹，点击【确定】按钮，如图 14-6 所示。

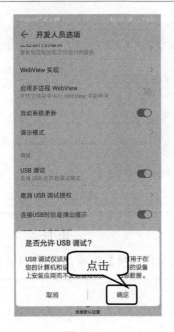

图 14-5   图 14-6

第 7 步 接着 360 手机助手就会自动检测你的手机型号并下载安装对应的驱动程序 (已有驱动则跳过)，这个由程序自动帮用户完成，只需耐心等待就可以了。手机与电脑成功连接后，360 手机助手电脑版会对用户显示相应的连接成功信息。通过以上步骤即可完成手机连接 360 手机助手的操作，如图 14-7 所示。

图 14-7

14.1.3　导出联系人

如果用户的手机中有一些比较重要的联系人信息，就可以提前对这些联系人信息进行备份处理，将其导入到 360 手机助手中，这样即使手机上的联系人信息丢失，还能使用 360 手机助手将联系人重新导入手机。下面详细介绍使用 360 手机助手导出联系人的操作方法。

第 1 步 启动并运行【360 手机助手】软件，将手机与 360 手机助手进行连接后，单击【联系人】按钮，如图 14-8 所示。

第 2 步 进入到【通讯录】界面，**1.** 单击【导入/导出】按钮，**2.** 在弹出的下拉列表框中选择【导出全部联系人】选项，如图 14-9 所示。

图 14-8　　　　　　　　　　　　　　　　图 14-9

第 3 步 弹出【导出联系人】对话框，**1.** 选择要导出联系人的格式，这里选择【Excel 格式】单选按钮，**2.** 设置导出文件的位置，**3.** 单击【确定】按钮，如图 14-10 所示。

第 4 步 弹出【360 手机助手】对话框，提示"导出联系人成功"信息，单击【确定】按钮，即可完成导出联系人的操作，如图 14-11 所示。

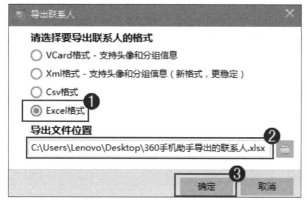

图 14-10

图 14-11

14.1.4 查看手机信息

使用 360 手机助手可以快速查看手机的一些基本信息,如手机型号、处理器、是否 Root、屏幕分辨率、系统版本、序列号、IMEI 等,下面详细介绍查看手机信息的操作方法。

第1步 启动并运行【360 手机助手】软件,将手机与 360 手机助手进行连接后,单击【关于手机】按钮,如图 14-12 所示。

第2步 弹出【360 手机助手-关于手机】对话框,在该对话框中用户即可详细查看手机的一些基本信息,如图 14-13 所示。

图 14-12

图 14-13

14.1.5 查找并下载手机应用

使用 360 手机助手可以很好地管理用户的手机软件,简单实用。下面以下载"支付宝"手机应用为例,详细介绍查找并下载手机应用的操作方法。

第1步 启动并运行【360 手机助手】软件,将手机与 360 手机助手进行连接后,单击上方的【找软件】按钮,如图 14-14 所示。

图 14-14

第2步 进入到【软件首页】界面,*1.* 在【搜索】文本框中输入准备查找的手机软件名称，**2.** 单击【搜索】按钮🔍，如图 14-15 所示。

第3步　进入到搜索结果页面，在准备下载的应用右侧单击【一键安装】按钮，
如图 14-16 所示。

图 14-15　　　　　　　　　　　　　　　图 14-16

第4步　进入到【下载中】页面，用户需要在线等待一段时间，如图 14-17 所示。
第5步　进入到【安装中】页面，用户需要在线等待一段时间，如图 14-18 所示。

图 14-17　　　　　　　　　　　　　　　图 14-18

第6步　此时在手机中会弹出【风险提示】对话框，点击【继续安装】按钮，如图 14-19
所示。

图 14-19

第7步　进入到【已安装】页面，此时手机上已安装该应用，这样即可完成使用 360
手机助手查找并下载手机应用的操作，如图 14-20 所示。

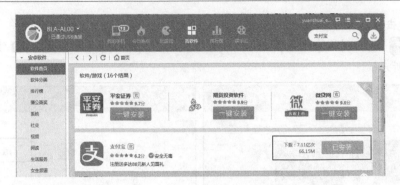

图 14-20

14.2 豌豆荚

豌豆荚是一款在 PC 上使用的 Android 手机管理软件。把
手机和电脑连接上后，即可以将各类应用程序、音乐、视频、
电子书等内容传输或者从网络直接下载到手机上，也可以用它
实现备份、联系人管理、短信群发、截屏等功能。本节将详细
介绍豌豆荚的相关知识及使用方法。

↑ 扫码看视频

14.2.1 使用豌豆荚管理手机中的视频

如果手机中的视频文件很多，将手机和豌豆荚软件连接之后，即可轻松地管理手机中
的视频。下面详细介绍使用豌豆荚管理手机中视频的操作方法。

第1步 启动并运行【豌豆荚】软件，将手机与豌豆荚进行连接后，可以看到手机设
备的一些基本信息。单击左侧的【视频音乐】选项，如图 14-21 所示。

图 14-21

第2步 **1.** 选择【视频】选项卡，即可进入到【视频】界面，可以看到手机中的视频文件，**2.** 选中准备删除的视频文件，**3.** 单击【删除】按钮🗑删除，如图 14-22 所示。

图 14-22

第3步 弹出【删除视频】对话框，单击【是】按钮　是　，如图 14-23 所示。

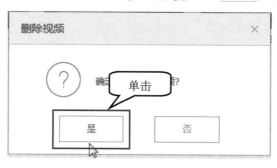

图 14-23

第4步 可以看到选中的视频已被删除，这样即可完成使用豌豆荚管理手机中视频的操作，如图 14-24 所示。

图 14-24

14.2.2　使用豌豆荚下载铃声壁纸

豌豆荚软件里面提供了丰富的精美图片,也有动听的铃声,用户可以将图片设成手机桌面,也可以将动听的音乐设为手机铃声。下面详细介绍使用豌豆荚下载铃声壁纸的方法。

第1步 启动并运行【豌豆荚】软件,将手机与豌豆荚进行连接后,**1.** 单击【铃声壁纸】按钮,**2.** 进入到【铃声壁纸】页面,在【搜索】文本框中输入准备下载的铃声名称,**3.** 单击【搜索】按钮 搜索 ,如图 14-25 所示。

图 14-25

第2步 进入到【酷音铃声】界面,**1.** 在准备下载的铃声右侧单击【下载】按钮 ↓ ,**2.** 单击右上角处的【查看下载】按钮 ⑪ ,如图 14-26 所示。

图 14-26

第3步 弹出【下载中心】对话框,选择【已完成】选项,即可查看到完成下载的铃声,这样即可完成下载铃声的操作,如图 14-27 所示。

图 14-27

第4步 返回到【铃声壁纸】页面,*1.*选择【安卓壁纸】选项卡,*2.*在【搜索】文本框中输入准备下载的壁纸名称,*3.*单击【搜索】按钮 搜索 ,如图 14-28 所示。

图 14-28

第5步 进入到【安卓壁纸】页面,将鼠标指针移动到准备下载的壁纸缩略图上方,会显示【导入设备】选项,单击该选项即可完成下载壁纸的操作,如图 14-29 所示。

图 14-29

14.3 实践案例与上机指导

通过本章的学习，读者基本可以掌握移动设备应用软件的基本知识以及一些常见的操作方法。下面通过练习一些案例操作，以达到巩固学习、拓展提高的目的。

↑扫码看视频

14.3.1 使用 360 手机助手传文件到手机中

如今使用手机处理各项工作已成为常态，当用户进公司，坐在电脑前面，想要将电脑里的东西传到手机的时候，可以使用 360 手机助手来解决该问题。

第 1 步 启动并运行【360 手机助手】软件，将手机与软件连接后，单击左上角的【手机名称】下拉按钮，如图 14-30 所示。

第 2 步 弹出下拉列表框，选择【传文件到手机】选项，如图 14-31 所示。

图 14-30

图 14-31

第 3 步 弹出一个对话框，进入到【发送】页面，单击底部的【选择需要发送的文件】按钮 选择需要发送的文件 ，如图 14-32 所示。

第 4 步 弹出【打开】对话框，**1.** 选择准备传送的文件，**2.** 单击【打开】按钮 打开(O) ，如图 14-33 所示。

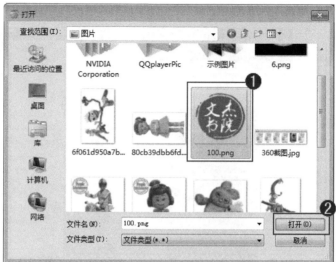

图 14-32　　　　　　　　　　　　　　　图 14-33

第 5 步　返回到【发送】页面，可以看到正在发送文件，用户需要在线等待一段时间，如图 14-34 所示。

第 6 步　显示"已发送到手机"信息，这样即可完成使用 360 手机助手传文件到手机中的操作，如图 14-35 所示。

图 14-34　　　　　　　　　　　　　　　图 14-35

14.3.2　使用 360 手机助手更新手机中的应用

使用 360 手机助手可以轻松地更新手机中需要升级的应用，并且零流量更新，不浪费手机中的流量。下面详细介绍使用 360 手机助手更新手机中的应用的操作方法。

第 1 步　启动并运行【360 手机助手】软件，将手机与软件连接后，单击【应用】按

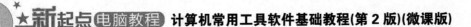

钮⊞，如图 14-36 所示。

图 14-36

第2步 进入到【可升级应用】界面，在准备进行更新的应用右侧，单击【升级】按钮 升级 ，如图 14-37 所示。

图 14-37

第3步 应用正在下载中，用户需要在线等待一段时间，如图 14-38 所示。

图 14-38

第 4 步 下载完成后，应用会进入到"正在升级"状态，如图 14-39 所示。

图 14-39

第 5 步 此时在手机中会弹出【风险提示】对话框，单击【继续安装】按钮，如图 14-40 所示。

第 6 步 安装完毕后，返回到【可升级应用】界面，可以看到选择的应用已不在了，这样即可完成使用 360 手机助手更新手机中的应用，如图 14-41 所示。

图 14-40

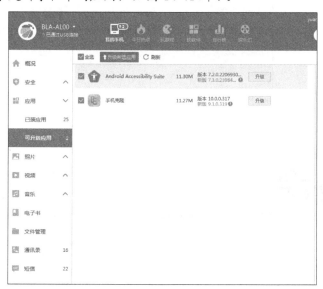

图 14-41

14.3.3　使用豌豆荚制作手机铃声

在手机上找歌曲设置为铃声比较麻烦，因为手机内的歌太多了不好找，但在电脑上设置就比较方便了。不少用户喜欢给自己的手机设置好听的铃声，而豌豆荚就是很多用户常用来制作手机铃声的一款软件。下面详细介绍使用豌豆荚制作手机铃声的操作方法。

第 1 步 启动并运行【豌豆荚】软件，将手机与豌豆荚进行连接后，单击上方的【工具箱】按钮，如图 14-42 所示。

第 2 步 进入到【工具箱】界面，单击【铃声制作】选项，如图 14-43 所示。

图 14-42

图 14-43

第3步 弹出【铃声制作】对话框,单击【添加音乐文件】按钮,如图 14-44 所示。

第4步 弹出【请选择文件】对话框,**1.**选择准备进行制作铃声的音频文件,**2.**单击【打开】按钮 打开(O) ▼ ,如图 14-45 所示。

图 14-44

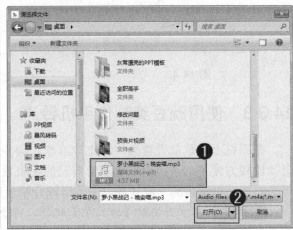

图 14-45

第 5 步 添加完音频后，**1.** 选择是要制作来电铃声还是短信铃声(来电铃声不限制铃声长度，短信铃声不能超过 25 秒)，这里选择【来电铃声】单选项，**2.** 将时间指示标移动至铃声的开始时间点，**3.** 单击【设播放点为开始】按钮，如图 14-46 所示。

第 6 步 设置完成铃声开始时间后，**1.** 将时间指示标移动至铃声的结束时间点，**2.** 单击【设播放点为结束】按钮，如图 14-47 所示。

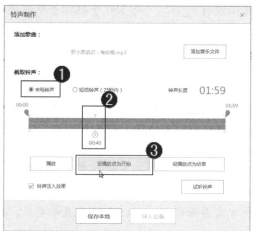

图 14-46

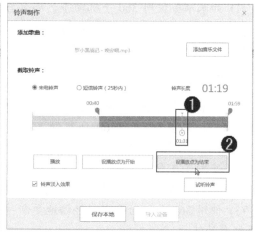

图 14-47

第 7 步 设置完成后可以看到所剪辑的铃声长度，单击【保存本地】按钮，如图 14-48 所示。

第 8 步 弹出【保存成功】对话框，单击【确定】按钮，即可完成使用豌豆荚制作手机铃声的操作，如图 14-49 所示。

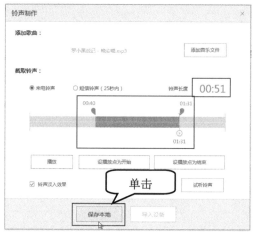

图 14-48

图 14-49

14.4　思考与练习

1. 填空题

(1) 如果准备使用 360 手机助手，那么首先必须将_____与 360 手机助手软件连接。

(2) 豌豆荚软件里面提供了丰富的精美图片，也有动听的铃声，用户可以将图片设成手机桌面，也可以将动听的音乐设为_____。

2. 判断题

(1) 如果用户的手机中有一些比较重要的联系人信息，就可以提前对这些联系人信息进行导入处理，将其导入到 360 手机助手中，这样即使手机上的联系人信息丢失，还能使用 360 手机助手将联系人重新导入手机。　　　　　　　　　　　　　　　　　(　　)

(2) 使用 360 手机助手可以快速查看手机的一些基本信息，如手机型号、处理器、是否 Root、屏幕分辨率、系统版本、序列号、IMEI 等。　　　　　　　　　　　　(　　)

(3) 使用 360 手机助手可以轻松地更新手机中需要升级的应用，并且零流量更新，不浪费手机中的流量。　　　　　　　　　　　　　　　　　　　　　　　　　(　　)

3. 思考题

(1) 如何使用 360 手机助手导出联系人？

(2) 如何使用豌豆荚下载铃声壁纸？

思考与练习答案

第 1 章

1. 填空题

(1) 工具软件
(2) 功能
(3) 光驱
(4) 控制面板
(5) Alpha 版(内部测试版)

2. 判断题

(1) 对
(2) 错
(3) 对
(4) 错
(5) 对

3. 思考题

(1) 在系统桌面上，**1.** 单击左下角的【开始】按钮，**2.** 选择【所有程序】菜单项。

弹出下一级菜单，**1.** 单击【迅雷软件】文件夹，**2.** 单击【迅雷 7】文件夹，**3.** 单击【卸载迅雷 7】菜单项。

弹出【迅雷 7】提示窗口，**1.** 选择【卸载迅雷 7】单选项，**2.** 单击【下一步】按钮 下一步(N) > 。

弹出【迅雷 7】对话框，单击【是】按钮 是(Y) 。

进入【正在解除安装】界面，在删除过程中会弹出【迅雷 7】提示对话框，提示是否保留历史文件，单击【否】按钮 否(N) 。

进入【完成】界面，显示卸载进度已完成，单击【关闭】按钮 关闭(L) ，这样即通过"开始"完成菜单卸载工具软件。

(2) 在系统桌面上，**1.** 单击左下角的【开始】按钮，**2.** 选择【控制面板】菜单项。

弹出【控制面板】窗口，在【调整计算机的设置】区域，单击【程序】图标下的【卸载程序】超链接项。

进入【卸载或更改程序】界面，双击【迅雷 7】程序图标。

弹出【迅雷 7】窗口，**1.** 选择【卸载迅雷 7】单选项，**2.** 单击【下一步】按钮 下一步(N) > 。

弹出【迅雷 7】提示对话框，单击【是】按钮 是(Y) 。

进入【正在解除安装】界面，提示卸载状态及进度。弹出【迅雷 7】对话框，单击【否】按钮 否(N) 。

进入【完成】界面，显示卸载进度已完成，单击【关闭】按钮 关闭(L) ，这样即通过控制面板完成卸载工具软件。

第 2 章

1. 填空题

(1) 加密
(2) 解压
(3) 分卷
(4) 文件加密

2. 判断题

(1) 对
(2) 错
(3) 对

3. 思考题

(1) 在电脑中找到准备压缩的文件夹所在的位置，**1.** 使用鼠标右键单击文件夹图标，**2.** 在弹出的快捷菜单中选择【添加到压缩文件】菜单项。

弹出【压缩文件名和参数】对话框，确认压缩文件的相关参数后，单击【确定】按钮 确定 。

弹出【正在创建压缩文件 工作簿.rar】对话框显示进度。

通过右键菜单压缩文件的操作完成，此时打开文件夹中即可以看到压缩好的文件。

(2) 使用 Word 打开素材文件，单击【文件】选项卡。

进入到下一界面，**1.** 选择【导出】选项卡，**2.** 在【导出】区域选择【更改文件类型】选项，**3.** 在【其他文件类型】区域双击【另存为其他文件类型】选项。

弹出【另存为】对话框，**1.** 选择准备保存的位置，**2.** 在【文件名】文本框中输入准备保存的文件名，**3.** 在【保存类型】下拉列表框中选择【PDF(*.pdf)】选项，**4.** 单击【保存】按钮 保存(S) 。

系统会自动打开导出的 PDF 文件，这样即可完成使用 Word 导出 PDF 电子书的操作。

第 3 章

1. 填空题

水印

2. 判断题

(1) 对
(2) 错

3. 思考题

(1) 启动光影魔术手应用程序，单击主

界面左上角的【打开】按钮 。

弹出【打开】对话框，**1.** 选择准备打开的图片存放的目标磁盘，**2.** 选择准备打开的图片，**3.** 单击【打开】按钮 打开(O) 。

打开图像之后，**1.** 单击右上角的【水印】按钮 ，**2.** 单击【添加水印】按钮 添加水印 。

弹出【打开】对话框，**1.** 选择准备作为水印的图片，**2.** 单击【打开】按钮 打开(O) 。

返回到软件主界面，此时可以拖动鼠标将所选择的水印图片移动到合适的位置处。

通过以上步骤即可完成给照片添加水印的操作。

(2) 启动美图秀秀应用软件，**1.** 选择【美化图片】选项卡，**2.** 单击【打开图片】按钮 打开图片 。

弹出【打开图片】对话框，**1.** 选择准备打开的图片，**2.** 单击【打开】按钮 打开(O) 。

打开准备美化的图片后，单击【基础】栏下的【一键美化】按钮 一键美化 ，即可对该图片进行快速美化。

用户还可以在【特效滤镜】区域，**1.** 选择准备应用的特效滤镜，如选择自然，**2.** 设置【透明度】参数，**3.** 单击【确定】按钮 确定 。

可以看到打开的图片已经进行了全面的美化，单击右上角的【保存】按钮 保存 。

弹出【保存与分享】对话框，**1.** 设置保存路径，**2.** 设置文件名与格式，**3.** 调整画质，**4.** 单击【保存】按钮 保存 ，即可完成美化的操作。

第 4 章

1. 填空题

(1) Windows
(2) 播放列表

(3) 网络视频

2. 判断题

(1) 对

(2) 错

3. 思考题

(1) 启动【暴风影音】播放器，*1.* 单击【工具箱】按钮 ，*2.* 在弹出的列表框中选择【截图】选项。

弹出【截图工具】对话框，*1.* 设置保存截图的路径，*2.* 输入文件名称，*3.* 单击【保存图片】按钮。

返回到主界面中，提示截图成功，并显示截图路径，单击该【截图路径】超链接项。

即可弹出截图保存文件夹，在文件夹中可以查看截取的视频图片，这样即可完成使用暴风影音截取视频画面的操作。

(2) 启动酷狗音乐软件，单击界面上方的【工具】按钮。

弹出【应用工具】对话框，可以看到里面有很多待选择的辅助功能插件，如果之前没有下载的插件会显示为灰色，单击【铃声制作】图标。

弹出【酷狗铃声制作专家】对话框，单击【添加歌曲】按钮。

弹出【打开】对话框，*1.* 选择准备制作成铃声的歌曲，*2.* 单击【打开】按钮。

返回到【酷狗铃声制作专家】对话框，可以看到已经添加了所选择的歌曲，*1.* 设置截取铃声的起点时间，*2.* 设置截取铃声的终点时间，*3.* 设置完成后用户可以单击【试听铃声】按钮，*4.* 确认铃声的截取片段后，单击【保存铃声】按钮。

弹出【另存为】对话框，*1.* 选择准备保存铃声的位置，*2.* 输入文件名称，*3.* 单击【保存】按钮。

弹出【保存铃声到本地进度】对话框，提示"正在保存铃声中"，用户需要在线等待一段时间。

提示"铃声保存成功"信息，单击【确定】按钮。

打开保存铃声所在的文件夹，可以看到已经制作好的手机铃声，这样即可完成使用酷狗音乐制作手机铃声的操作。

第5章

1. 填空题

(1) 纠正发音

(2) 高级翻译

2. 判断题

(1) 对

(2) 对

3. 思考题

(1) 启动金山词霸程序后，在迷你悬浮窗上，*1.* 单击【设置】按钮，*2.* 在弹出的下拉列表框中选择【软件设置】选项。

弹出【设置】对话框，*1.* 选择【功能设置】选项卡，*2.* 在【功能设置】区域选择【查询时自动发音】复选框，*3.* 选择准备发音的类型，这里选择【美音】单选项。

此时在迷你悬浮窗中搜索准备进行发音的单词，搜索完毕后金山词霸即可自动进行该单词的发音，从而纠正用户的发音。

(2) 使用有道词典查询出单词结果后，如果准备将该单词作为学习的单词，可以单击该单词右侧的【加入单词本】按钮。

在所有需要学习的单词添加完成后，*1.* 选择【单词本】选项卡，这样就能在列表中看到所有已添加的单词了，*2.* 单击列表上方的【更多功能】按钮，*3.* 在弹出的下拉列表框中选择【批量管理】选项。

此时可以看到在单词前面会出现复选框，*1.* 选中需要学习的单词的复选框，*2.* 单击【加入复习】按钮 ☑ 加入复习。

此时会提示"已成功加入复习计划"，这样这些单词就加入到单词复习计划中了，有道词典每天会定时提醒用户背单词。单击【完成】按钮 完成，即可完成使用单词本功能的操作。

第 6 章

1. 填空题

(1) 新建标签

(2) 收藏夹

(3) 清理上网痕迹

(4) 搜索引擎

2. 判断题

(1) 对

(2) 对

(3) 错

(4) 对

3. 思考题

(1) 启动 360 安全浏览器，打开准备保存网页图片的网页，单击准备保存的图片并按键盘上的 Ctrl+Alt 组合键。

弹出【图片快速保存】对话框，*1.* 选择准备保存图片的位置。*2.* 单击【立即保存】按钮 立即保存，即可完成快速保存图片的操作。

(2) 启动并登录 Foxmail 邮件客户端，*1.* 选择准备发送电子邮件的邮箱，*2.* 单击工具栏中的【写邮件】按钮 写邮件。

弹出【写邮件】窗口，*1.* 在【收件人】文本框中输入邮件接收人的邮箱地址，如果需要把邮件同时发给多个收件人，可以用英文逗号(",")分隔多个邮箱地址。*2.* 在【主题】文本框中输入邮件的主题，如"生日祝福"。*3.* 在【编辑信件】文本框中输入邮件的主要内容。*4.* 单击工具栏中的【发送】按钮 发送，这样即可完成发送电子邮件的操作。

第 7 章

1. 填空题

(1) 创建好友组

(2) 语音、视频

2. 判断题

(1) 对

(2) 错

3. 思考题

(1) 启动并登录【腾讯 QQ】聊天软件，在好友列表中双击准备进行语音与视频聊天的 QQ 好友头像。

弹出与好友的对话窗口，在上方的功能按钮栏中，单击【发起语音通话】按钮 。

在对话窗口右侧，弹出语音会话窗口，提示"等待对方接受邀请"信息。

对方接受邀请后，在右侧的语音聊天窗口中，显示扬声器声音大小、麦克风声音大小和通话的时间等信息，这样即可进行语音聊天。

在与好友的对话窗口，上方的功能按钮栏中，单击【发起视频通话】按钮 。

弹出与好友的视频通话窗口，提示"等待对方接受邀请"信息。

对方接受邀请后，在右侧的视频窗口中，显示自己和对方的视频图像，这样即可进行视频聊天。

(2) 启动并登录 YY 软件程序，在主界面右上角的文本框中输入准备进入的频道号码，然后按键盘上的 Enter 键。

这样即可进入到该 YY 频道，用户可以在右下角处的【发言】文本框中输入想要说的话，然后按键盘上的 Enter 键，或单击【发送】按钮 发送 ，即可进行频道发言，单击右上角处的【关闭】按钮 ⏻ ，即可完成退出 YY 频道的操作。

第 8 章

1. 填空题

(1) 批量下载
(2) 自定义限速下载
(3) BT 种子

2. 判断题

(1) 对
(2) 错

3. 思考题

(1) 打开迅雷程序界面，在搜索文本框中输入准备下载的内容，如输入"十年下载"，然后按键盘上的 Enter 键。

打开【百度搜索】选项卡，显示搜索文件结果等相关信息，单击准备进行下载的网页超链接。

进入到该下载网页的页面，*1.* 使用鼠标右键单击准备下载的超链接，*2.* 在弹出的快捷菜单中选择【链接另存为】菜单项。

弹出【新建下载任务】对话框，*1.* 在【文件名】文本框中输入准备下载的文件名称，*2.* 单击【立即下载】按钮 立即下载 ▼ 。

返回到迅雷程序主界面，可以看到已经下载完成的文件，这样即可完成在迅雷中搜索与下载文件的操作。

(2) 在 BitComet 程序窗口中，选择【文件】→【制作 Torrent 文件】菜单项。

弹出【制作 Torrent 文件】对话框，*1.* 选

择【常规】选项卡，*2.* 在【源文件】区域中，选中【单个文件】单选框，*3.* 单击【浏览】按钮 ... 。

弹出【打开】对话框，*1.* 选择准备打开的文件，*2.* 单击【打开】按钮 打开(O) 。

返回到【制作 Torrent 文件】界面，打开【发布者】选项卡。

切换到【发布者】界面，在其中填写发布者名称、发布者网址和备注等相关信息。

1. 选择【Web 种子】选项卡，*2.* 在【Web 种子的 URL 路径列表】文本框中，填写与种子内容相同文件的 URL 地址，*3.* 单击【制作】按钮 制作 。

弹出【正在制作 Torrent 文件】对话框，显示文件制作的进度信息。

返回【BitComet】程序窗口，可以看到制作的 Torrent 文件显示在其中。通过上述方法即可完成使用 BitComet 制作 Torrent 文件的操作。

第 9 章

1. 填空题

(1) 磁盘缓存优化
(2) 处理器测试、磁盘测试
(3) 内存检测

2. 判断题

(1) 对
(2) 错
(3) 对

3. 思考题

(1) 启动并运行 Windows 优化大师，*1.* 选择【系统优化】选项卡，*2.* 选择【磁盘缓存优化】选项，*3.* 拖动右侧窗口的滑块，设置输入/输出缓存大小和内存性能配置，*4.* 选择右侧窗口下方准备使用的复选

框，**5.** 单击【优化】按钮 优化 。

这样即可优化磁盘缓存，窗口下方的状态条中显示"磁盘缓存优化完毕"信息。

(2) 启动并运行【鲁大师】软件，**1.** 单击【性能测试】按钮 ，**2.** 选择【电脑性能测试】选项卡，**3.** 单击【开始评测】按钮 开始评测 。

进入到【正在检测】界面，用户在线等待一段时间，系统会自动依次对处理器性能、显卡性能、内存性能和磁盘性能进行测试评分。

完成测试后，用户就可以看到电脑的综合性能、处理器性能、显卡性能、内存性能和磁盘性能的评分了。

第 10 章

1. 填空题

(1) 同步
(2) 仅预览

2. 判断题

(1) 错
(2) 对

3. 思考题

(1) 启动坚果云应用程序，单击下方的【创建同步文件夹】按钮。

弹出【创建同步文件夹】对话框，**1.** 打开准备进行同步的文件夹，**2.** 将其拖曳到【创建同步文件夹】对话框中的拖曳区域。

进入下一界面，提示"同步准备就绪"信息，单击【确定】按钮 确定 。

进入到【文件夹已开始同步】界面，单击【完成】按钮，即可完成同步文件的操作。

(2) 启动并运行【百度网盘】应用程序，**1.** 选择准备分享的文件，**2.** 单击【分享】按钮 分享 。

弹出【分享文件】对话框，**1.** 选择【私密链接分享】选项卡，**2.** 选择准备分享的形式，这里选择【有提取码】单选项，**3.** 选择有效期，这里选择【7 天】单选项，**4.** 单击【创建链接】按钮 创建链接 。

此时会提示"正在创建分享链接"，需要等待一段时间。

可以看到已经成功分享文件了，用户可以复制链接及提取码，或者复制二维码，发给好友，让好友下载和保存分享的文件。

在【百度网盘】应用主界面，**1.** 选择【我的分享】选项卡，**2.** 可以看到刚刚分享的文件。

单击该文件，可以看到分享的链接和提取码，这样即可完成分享文件的操作。

(3) 启动并运行【360 安全云盘】应用程序，**1.** 选择【我的文件】选项卡，**2.** 选择【所有文件】选项，**3.** 单击【上传文件】按钮 上传文件 。

弹出【打开】对话框，**1.** 选择准备上传的文件，**2.** 单击【添加到云盘】按钮 添加到云盘 。

返回到【我的文件】界面中，在界面最下方可以看到"所有文件已经传输完成，秒传 1 个文件"信息，选择【传输列表】选项。

进入到【传输列表】界面中，选择【已完成】选项卡，可以看到已经完成上传的文件，这样即可完成上传文件的操作。

返回到【我的文件】界面中，**1.** 选择准备进行下载的文件，**2.** 单击【下载】按钮 下载 。

弹出【浏览文件夹】对话框，**1.** 选择准备保存文件的位置，**2.** 单击【确定】按钮 确定 。

弹出【下载文件-360 安全云盘】对话框，提示正在下载的项目进度以及大小，用户需要在线等待一段时间。

弹出【下载完成】对话框，提示"已经下载完成"，用户可以单击【打开文件夹】

按钮 打开文件夹 。

打开下载文件所在的目录，可以看到已经下载的文件，这样即可完成下载文件的操作。

第 11 章

1. 填空题

(1) 数字音频
(2) 数字视频

2. 判断题

(1) 对
(2) 错

3. 思考题

(1) 设置完屏幕录像区域后，单击【开始录制】按钮 。

弹出【提示】对话框，提示"开始录制后，你可以通过下面快捷键停止：F2"，单击【确定】按钮 确定(Y) 。

弹出【声音图像实时监控窗体】对话框，屏幕录像专家正在进行窗口视频录制，录制视频的时候屏幕录像专家只会记录下视频录制框中的屏幕内容。

完成屏幕录制后，用户可以按屏幕录像专家设置好的快捷键 F2 来停止录制，并弹出【提示】对话框，单击【确定】按钮 确定(Y) 。

这时候屏幕录像专家会自动生成一个电脑屏幕录像视频文件，1. 使用鼠标右键单击屏幕录像专家视频文件列表中的视频文件，2. 在弹出的快捷菜单中选择【另存为】菜单项。

弹出【另存为】对话框，1. 设置准备保存视频的位置，2. 重命名视频文件名，3. 单击【保存】按钮 保存(S) 。

弹出【提示】对话框，提示"LXE 录像文件复制到其他电脑上播放时需要播放器，

播放器有 2 种方法提供"相关信息，单击【确定】按钮 确定(Y) 。

弹出【屏幕录像专家】对话框，提示"另存成功"信息，单击【OK】按钮 OK 。

打开设置好的视频输出路径文件夹，就可以在文件夹中看到使用屏幕录像专家录制屏幕窗口区域视频得到的屏幕录像文件，这样即可完成录制屏幕录像的操作。

(2) 启动并运行【格式工厂】软件，1. 选择【视频】栏目，2. 单击【MP4】按钮 。

弹出【MP4】对话框，单击右侧的【添加文件】按钮 添加文件 。

弹出【打开】对话框，1. 选择准备进行转换的视频文件，2. 单击【打开】按钮 打开(O) 。

返回到【MP4】对话框中，可以看到选择进行转换的视频文件，单击下方【输出文件夹】右边的【改变】按钮 改变 。

弹出【浏览文件夹】对话框，1. 选择准备存放导出视频的文件夹位置，2. 单击【确定】按钮 确定 。

返回到【MP4】对话框中，可以看到输出文件夹已被改变，单击右上角的【确定】按钮 确定 。

返回到【格式工厂】软件主界面中，可以看到已经设置好的准备转换的视频，单击【开始】按钮 开始 。

视频正在转换中，用户需要在线等待一段时间。

视频转换完成后，会在系统桌面右下角弹出一个【任务完成】提示框。用户可以选中转换的视频文件，单击【打开输出文件夹】按钮 。

打开转换视频所在的文件夹，可以看到已经转换完成的视频文件，这样即可完成转换视频文件格式的操作。

第12章

1. 填空题

(1) 减少颜色
(2) 视频 F/X

2. 判断题

(1) 错
(2) 对
(3) 对

3. 思考题

(1) 启动并运行 Ulead GIF Animator 软件，在菜单栏中选择【文件】→【打开图像】菜单项。

弹出【打开图像文件】对话框，*1.* 选择准备制作图像 GIF 动画的第 1 张素材图片，*2.* 单击【打开】按钮。

打开第 1 张图片后，单击下方的【添加帧】按钮。

在菜单栏中选择【文件】→【添加图像】菜单项。

弹出【添加图像】对话框，*1.* 选择准备制作图像 GIF 动画的第 2 张图片，*2.* 单击【打开】按钮 打开(O)。

按照上述的方法，将所有图片都添加到下方的【时间轴】面板中。

选中所有添加的图像，*1.* 使用鼠标右键单击，*2.* 在弹出的快捷菜单中选择【画面帧属性】菜单项。

弹出【画面帧属性】对话框，*1.* 输入延迟时间，从而设置图片变换的快慢，*2.* 单击【确定】按钮 确定。

完成设置后，返回到主界面中，用户可以单击【播放动画】按钮 进行播放，看一下效果是否满意。

图片动画制作完毕后，在菜单栏中选择【文件】→【另存为】→【GIF 文件】菜单项。

弹出【另存为】对话框，*1.* 选择准备保存图像 GIF 动画的位置，*2.* 输入准备保存的文件名称，*3.* 单击【保存】按钮 保存(S)。

打开保存的动画文件目录，可以看到制作好的图片 GIF 动画，这样即可完成使用 Ulead GIF Animator 制作图像 GIF 动画的操作。

(2) 启动并运行 GIF Movie Gear 软件，进入到主界面后，单击【插入帧】按钮 插入帧。

弹出【插入帧到动画】对话框，*1.* 选择准备制作 GIF 动画的多张图片，*2.* 单击【打开】按钮 打开(O)。

打开准备进行制作的图片后，在菜单栏中选择【动画】→【时间】菜单项。

打开【预览动画】窗口，*1.* 设置【所有帧延时】时间，*2.* 单击右上角处的【关闭】按钮 。

创建好动画后，在菜单栏中选择【文件】→【另存为】菜单项。

弹出【另存为】对话框，*1.* 选择准备保存的位置，*2.* 输入准备保存的文件名称，*3.* 单击【保存】按钮 保存(S)。

打开制作的 GIF 动画保存所在的文件夹，可以看到已经制作好的 GIF 文件。

打开该 GIF 文件，即可进行预览动画，这样即可完成制作弯曲光条动画的操作。

第13章

1. 填空题

(1) 软件净化
(2) 垃圾清理
(3) 电脑加速
(4) 木马查杀

(5) 更新程序

(6) 全盘扫描

2. 判断题

(1) 对

(2) 错

(3) 对

(4) 错

(5) 对

3. 思考题

(1) 启动并运行【金山毒霸】软件，进入到主界面后，单击左下角的【广告净化】按钮。

弹出【金山毒霸软件净化】对话框，1. 设置【捆绑拦截】的强弱和【安装净化】为开，2. 单击【立即扫描】按钮 。

进入到【正在扫描已安装的软件】界面，用户需要在线等待一段时间。

扫描结束后，1. 选择准备进行净化的软件，2. 单击【一键净化】按钮 。

进入到【正在净化有弹窗或推广行为的软件】界面，用户需要在线等待一段时间。

进入到【已净化 1 款有弹窗或推广行为的软件】界面，这样即可完成软件净化的操作。

(2) 启动并运行【360 安全卫士】程序，单击【电脑清理】按钮。

进入到【电脑清理】界面，单击【全面清理】按钮 。

进入到【正在扫描】界面，用户需要等待一段时间。

扫描结束后，系统会提示需要进行清理的插件、软件以及垃圾文件等，单击【一键清理】按钮 。

进入到【智能清理中】界面，用户需要在线等待一段时间。

进入到【清理完成】界面，显示完成清理的情况，单击【完成】按钮 即可

完成电脑清理的操作。

第 14 章

1. 填空题

(1) 手机

(2) 手机铃声

2. 判断题

(1) 错

(2) 对

(3) 对

3. 思考题

(1) 启动并运行【360 手机助手】软件，将手机与 360 手机助手进行连接后，单击【联系人】按钮。

进入到【通讯录】界面，1. 单击【导入/导出】按钮 ，2. 在弹出的下拉列表框中选择【导出全部联系人】选项。

弹出【导出联系人】对话框，1. 选择要导出联系人的格式，这里选择【Excel 格式】单选项，2. 设置导出文件的位置，3. 单击【确定】按钮 。

弹出【360 手机助手】对话框，提示"导出联系人成功"信息，单击【确定】按钮 即可完成导出联系人的操作。

(2) 启动并运行【豌豆荚】软件，将手机与豌豆荚进行连接后，1. 单击【铃声壁纸】按钮，2. 进入到【铃声壁纸】页面，在【搜索】文本框中输入准备下载的铃声名称，3. 单击【搜索】按钮 。

进入到【酷音铃声】界面，1. 在准备下载的铃声右侧单击【下载】按钮，2. 单击右上角处的【查看下载】按钮。

弹出【下载中心】对话框，选择【已完成】选项，即可查看到完成下载的铃声，这样即可完成下载铃声的操作。

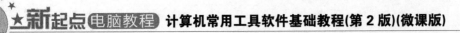
返回到【铃声壁纸】页面，1.选择【安卓壁纸】选项卡，2.在【搜索】文本框中输入准备下载的壁纸名称，3.单击【搜索】按钮 搜索 。

进入到【安卓壁纸】页面，将鼠标指针移动到准备下载的壁纸缩略图上方，会显示【导入设备】选项，单击该选项即可完成下载壁纸的操作。